朴散为器

近现代传统家具行业变迁

薛坤／著

艺术与设计学科博士文丛

山东省高水平学科『高峰学科』建设项目

总主编 潘鲁生

主 编 董占军

山东教育出版社·济南

图书在版编目（CIP）数据

朴散为器：近现代传统家具行业变迁 / 薛坤著. —济南：山东教育出版社，2021.8（2024.3重印）
（艺术与设计学科博士文丛 / 潘鲁生总主编）
ISBN 978-7-5701-0899-2

Ⅰ.①朴… Ⅱ.①薛… Ⅲ.①家具－历史－研究－中国－近现代 Ⅳ.①TS666.205

中国版本图书馆CIP数据核字（2019）第295692号

YISHU YU SHEJI XUEKE BOSHI WENCONG
PUSAN WEIQI——JIN-XIANDAI CHUANTONG JIAJU HANGYE BIANQIAN

艺术与设计学科博士文丛　　潘鲁生/总主编　董占军/主编
朴散为器——近现代传统家具行业变迁　　薛　坤/著

主管单位：山东出版传媒股份有限公司
出版发行：山东教育出版社
地址：济南市市中区二环南路2066号4区1号　邮编：250003
电话：（0531）82092660　网址：www.sjs.com.cn
印　　刷：山东华立印务有限公司
版　　次：2021年8月第1版
印　　次：2024年3月第2次印刷
开　　本：710毫米×1000毫米　1/16
印　　张：11
字　　数：170千
定　　价：69.80元

（如印装质量有问题，请与印刷厂联系调换）印厂电话：0531-76216033

总序

时光荏苒，社会变迁，中国社会自近现代以来经历了从农耕文明到工业文明、从自给自足的小农经济到市场化的商品经济等一系列深层转型和变革，人们的生活方式、思想文化、消费观念、审美趣味也随之变迁。艺术与设计是一个具体的领域、一个生动的载体，承载和阐释着传统与现代、历史与未来、文化与科技、有形器物与无形精神的交织演进。如何深入地认识和理解艺术与设计学科，厘定其中理路，剖析内在动因，阐释社会历史与生活巨流形之于艺术与设计的规律和影响，不断回溯和认识关键的节点、重要的因素、有影响的人和事以及有意义的现象，并将其启示投入今天的艺术与设计发展，是艺术与设计专业领域学人的责任和使命。

当前，国家高度重视文化建设，习近平总书记深刻阐释并强调“坚持创造性转化、创新性发展，不断铸就中华文化新辉煌”，从中华民族伟大复兴的历史意义和战略意义上推进文化发展。新时代，艺术与设计以艺术意象展现文脉，以设计语言沟通传统，诠释中国气派，塑造中国风格，展示中国精神，成为传承发展中华优秀传统文化的重要桥梁；艺术与设计求解现实命题，深化民生视角，激发产业动能，在文化进步、产业发展、乡村振兴、现代城市建设中发挥重要作用，成为生产性服务业和提升国家文化软实力的重要组成部分。关注现实发展的趋势与动态，对艺术与设计做出从现象到路径与规律的理论剖析，形成实践策略并推动理论体系的建构与发展，探索推进设计教育、设计文化等方面承前启后的深层实践，也是艺术与设计领域学者和教师的使命。

山东工艺美术学院是一所以艺术与设计见长的专业院校，自1973年建校以来，经历了工艺美术行业与设计产业的变迁发展历程，一直以承传造物文脉、植根民间文化、服务社会发展为己任。几十年来，在西方艺术冲击、设计潮流迭变、高等教育扩展等节点，守初心，传文脉，存本质，形成了赓续工艺传统、发展当代设计的办学理念和注重人文情怀与实践创新的教学思路。在新时代争创一流学科建设的历史机遇期，更期通过理论沉淀和人文荟萃提升学校办学层次与人才质量，以守正出新的艺术情怀和匠心独运的创意设计，为新时代艺术与设计一流学科建设提供学术支撑，深化学科内涵和文化底蕴。

鉴于上述时代情境和学校发展实践，我们策划推出这套《艺术与设计学科博士文丛》系列丛书，从山东工艺美术学院具有博士学位的专业教师的博士学位论文中，精选20余部，陆续结集出版，以期赓续学术文脉，夯实学科基础，促进学术深耕，认真总结和凝练实践经验，不断促进理论的建构与升华，在专业领域中有所贡献并进一步反哺教学、培育实践、提升科研。

艺术与设计具有自身的广度和深度。前接晚清余绪，在西方艺术理念和设计思潮的熏染下，无论近代初期视觉启蒙运动中图谱之学与实学实业的相得益彰、早期艺术教育之萌发，还是国粹画派与西洋画派之争，中国社会思潮与现代艺术运动始终纠葛在一起。乃至在整个中国革命与现代化建设进程中，艺术创新与美术革命始终同国家各项事业的发展同步前行。百多年来，前辈学人围绕“工艺与美术”“艺术与设计”及“艺术与科学”等诸多时代命题做出了许多深层次理论探讨，这为中国高等艺术教育发展、高端设计人才培养以及社会经济、文化事业的发展提供了必不可少的人才动力。在社会发展进程中，新技术、新观念、新方法不断涌现，学科交叉不单为学界共识，而且已成为高等教育的发展方向。设计之道、艺术之思、图像之学，不断为历史学、文艺学、民俗学、社会学、传媒学等多学科交叉所关注。反之，倡导创意创新的艺术价值观也需要不断吸收和汲取其他学科的文化精神与思维范式。总体来讲，无论西方艺术史论家，还是国内学贤新秀，无不注重对艺术设计与人类文明演进的理论反思，由此为我们打开观察艺术世界的另一扇窗户。在高等艺术教育领域，学科进一步交叉融合，而不同专业人才的引入、融合、发展，极大地促进和推动了复合型人才培养，有利于高校适应社会对艺术人才综合素养的期望和诉求。

基于此，本套《艺术与设计学科博士文丛》以艺术与设计为主线，涉及艺术学、设计学、文艺学、历史学、民俗学、艺术人类学、社会学等多个学科，既有纯粹的艺术理论成果，也有牵涉不同实践层面的多维之作，既有学院派的内在精覃之思考，也有面向社会、深入现实的博雅通识之著述。丛书集合了山东工艺美术学院新一代青年学人的学术智慧与理论探索。希冀这套丛书能够为学校整体发展、学科建设、人才培养和文脉传承注入新的能量和力量，也期待新一代青年学人茁壮成长，共创一流，百尺竿头，更进一步！

潘鲁生

己亥年冬月于历山作坊

前言

传统家具代表了传统木作技艺发生、发展的典型特征，其所包含的意义远远超过将原材料转化为具有功能和价值的商品的“技术”或“艺术”的行为，涉及社会、经济、政治和宗教仪式等诸多领域，是超越了家庭使用的物品的重要社会产品。作为工艺美术行业中的重要品类，传统家具还具有高度的流通性、市场化等特点，在农业社会的经济运行中占据重要的地位。在现代社会中，传统家具仍具有较强的生命力，并得到进一步的发展和演变，其技艺传承的变迁值得深入探讨。

目前研究传统家具方面的学者更多着眼于技术和艺术的层面，讨论工艺的具体功能和意义，忽视以工匠为主体的研究方法；长期以来，中国的历史和文化理论中隐含的创新观念也没有将工匠纳入进来。实际上，自元明的匠户制度之后，随着身份和社会角色的合法化，工匠成为创造财富和维护社会关系的重要参与者。手工艺工作的特性和工匠的身份，在不同的时期受到经济和政策的影响，如果不注重对工匠身份的考察，对生产制度重构的解释和对技艺传承的观察将缺乏社会过程和社会行为中的关键要素。因此，本研究不仅关注产品和工艺本身，更着重于对有关工匠的社会活动的探究，将社会变迁所导致的影响因素纳入社会生产过程和社会结构的分析中。

本书探讨近现代传统家具行业的转型、技艺传承以及与之相关的工匠身份的变迁问题，目的在于通过对工匠经营面临的生存现实及其生活现状的客观陈述，讨论工匠在发展的过程中所面临的问题，探讨在内在与外部现实的影响下如何延续技艺，寻找传统家具行业中存在的规律性与特殊性。随着传统经济的衰退和近代木器铺的兴起，家户制下的传统工匠从稳定的依靠宗法道德、行业信仰和禁忌保护的“熟人”社会，来到陌生的城市，成为作坊里的劳工。最初，他们依靠同乡同业关系，建立新的社会联系，维护各自帮派的利益；随着资本主义的发展，劳资矛盾日益突出，工匠通过各种形式的抗争谋求待遇的合理化，其中以罢工活动最为普遍，并屡见于报端。因记载传统家具的资料较少，从这些报纸资料中，可以找出行业、技术、传统木作文化的线索。该研究主要以文献整理与田野调研的方式进行，文献整理以近代报刊为主，对现代传统家具行业的研究以田野调研的方式为主，地域包含北京、江苏、广东、浙江、山东等传统家具的主要产地，在记录活态传承（以工匠的口述为主，并观察其制作过程）的同时，进行与传统家具相关的典籍、记录的考证与发掘，具体包含历史上该项目的发展情况、与该项手工艺相关的当前正在变化的情况以及该项目对手工艺技术的需求与供应。通过调研发现，传统家具行业在高度发展的同时，在技艺与传承方面，也存在诸如传承人减少、工艺表面化、多样性减弱等方面的问题；工匠身份产生分层，收入差距是职业角色的重要属性，不同的文化分层亦导致了他们或保守或创新的发展方向；传统家具由于存在的环境发生了变化，为了适应新的环境，不可避免地在传统的基础上产生了新的艺术形式。

薛　坤

2021年5月于千佛山

目录

第一章　朴散为器：木作与工匠 ≫

“朴散为器”，语出《道德经》：“朴散则为器，圣人用之则为官长。故大制不割。”[①]《说文解字·木部》中将“朴”解释为“木素”，段玉裁注：“素犹质也。以木为质，未雕饰，如瓦器之坯然。”[②]《论衡·量知》曰：“无刀斧之断者谓之朴。”“朴”与“器”还有着既对立又互相依存的关系：“器”只能一物一用，“器”成则“朴”散。“器”中包含了有用性，其形式为有用性所规定。与老子对“朴”的观点相对应的是海德格尔在《艺术作品的本源》中所说的“纯然之物”，“纯然之物”即排除了有用性和制作特性的自然之物。另外，“朴”的物质表现是器，“朴”依“器”而存在。海德格尔发现，“器具也显示出一种与艺术作品的亲缘关系”[③]。从这个角度来看，生活器物最能体现艺术的本真性，这与老子所说的“复归于朴”“见素抱朴”以及庄子提出的“既雕既琢，复归于素朴”殊途同归。总之，原木成

① 楼宇烈校释《老子道德经注校释》，中华书局，2008，第74页。

② 段玉裁注《说文解字注》，上海古籍出版社，1988，第252页。

③ 马丁·海德格尔：《林中路》，孙周兴译，上海译文出版社，2004，第14页。

器后的“复归于朴”，是一个哲学命题，也是传统家具行业一直讨论的话题。

第一节　木作行业的形成与分化

由原木制成家具，是“朴散”的过程。在这个过程中，“真散则百行出”[①]，产生了行业、行业管理者以及以此业为生的工匠。《考工记》中说“作车以行陆，作舟以行水”，《周易·系辞上》说“备物致用，立功成器，以为天下利，莫大乎圣人”，各式各样的“器”的制成方便了人们的生活，体现了社会的进步。

“朴散为器”的过程，也是法规制度形成的过程。“规，为圆制度；矩，为方制度”[②]，规、矩分别是画圆画方的工具。《孟子·离娄上》云：“公输巧，不以规矩，不能成方圆。”《礼记·经解》云：“规矩诚设，不可欺以方圆。”战国初期与手工业有着密切联系的墨子，常以规矩为喻说明治理国家的问题，如《墨子·天志上》云：“我有天志，譬若轮人之有规，匠人之有矩。轮匠执其规矩，以度天下之方圆，曰‘中者是也，不中者非也’。”[③]《墨子·法仪》谓：“天下从事者，不可以无法仪，无法仪而其事能成者无有也。虽至士之为将相者，皆有法，虽至百工从事者，亦皆有法。百工为方以矩，为圆以规，直以绳，衡以水，正以县。无巧工、不巧工，皆以此五者为法。巧者能中之，不巧者虽不能中，放依以从事，犹逾已。故百工从事，皆有法所度。”[④]

古代从事木作的工匠分工明确，《周礼·冬官考工记》中有“攻木之工七：轮、舆、弓、庐、匠、车、梓”的记载，在此分类中，匠人主建筑，梓

---

① “王弼注：‘朴，真也。真散则百行出，殊类生，若器也。圣人因其分散，故为之立官长。以善为师，不善为资，移风易俗，复使归于一也。’”见楼宇烈校释《老子道德经注校释》，中华书局，2008，第74页。

② 王圻、王思义编集《三才图会》，上海古籍出版社，1988，第1111页。

③ 墨翟：《墨子》，毕沅校注，吴旭民校点，上海古籍出版社，2014，第108页。

④ 同上书，第12页。

人制器具。《梓人遗制》中进一步提及“今合而为二，而弓不与焉。匠为大，梓为小，轮舆车庐。王氏云：为之大者以审曲面势为良，小者以雕文刻镂为工”，此时木工的工种划分中出现了大木作与小木作的说法。宋代李诫《营造法式》中，将建筑工程中的木料加工区分为大木作和小木作：大木作为构成建筑整体木框架的构件，包括梁、柱、枓、栱、椽、举折等；小木作包括门、窗、藻井、壁板、道帐等室内构件。在姚承祖所著《营造法源》中，小木作专指以家具为主的器具。元代苏天爵编的《元文类》明确将家具归为小木作，“木工之名则一而其艺有大小，如营建宫室，则大木之职也。若舟车以济不通，几案以适用，此皆小木之为也”①。从事木作职业的人被称作木工，宋代以后木工也被称为“手民、手货”②，即依靠手艺吃饭的人。从木工的分类来看，从事家具制作的木工也被称为“细木匠”或“小木匠”。明代范濂《云间据目抄》中记载：“细木家伙，如书桌禅椅之类，余少年曾不一见，民间止用银杏金漆方桌，自莫廷韩与顾、宋两公子，用细木数件，亦从吴门购之。隆、万以来，虽奴隶快甲之家，皆用细器，而徽之小木匠，争列肆于郡治中，即嫁妆杂器，俱属之矣。纨绔豪奢，又以椐木（榉木）不足贵，凡床橱几桌，皆用花梨、瘿木、乌木、相思木与黄杨木，极其贵巧，动费万钱，亦俗之一靡也。”③清代匠作则例中将有关小木作的活计统称为“装修作”④，包括家具陈设等。

1909年《劝木器业》一文介绍了木器的门类，大概分为方作和圆作，方作当中又分为本国木器和外国木器。此外，专门做乌木器的叫作乌木作，专门做红木器的叫作红木作，专门预备棺材的叫作铺子店，出租婚丧喜庆陈设器物的称为贳器店。⑤1920年《新青年》刊登的《上海劳动状况》中，将木业分为八种，分别是建筑房屋的大木作、做圆桶圆盆的圆木作、锯板的板木作、做各

① 苏天爵编《元文类》（下），商务印书馆，1958，第617页。

② 宋代陶谷在《清异录·手民》中云：“木匠总号运斤之艺，又曰手民、手货。”见陶谷、吴淑撰《清异灵·江淮异人录》，孔一校点，上海古籍出版社，2012，第18页。

③ 范濂：《云间据目抄》卷二，奉贤褚氏重刊，1928，第5页。

④ 王世襄：《清代匠作则例汇编》，中国书店出版社，2008，《序》第3页。

⑤《劝木器业》，《申报》1909年8月23日。

种西式家具的机械作、专做红木家具的大红木作、专做小品红木用器的小红木作、替木行里整理分配材料的木行司务和专做棺材的材木作。[①]1932年《市政月刊》刊登的《木作及木器工场》一文中，将木作分为三类：一类是装修作，即建筑业中关于房屋的木材加工，包括家具；一类为船匠，以造船为业；一类为方头作，即制作棺木者。[②]除了分工的细化，还因为地缘形成了各作的帮派，比如杭州的圆木作分为三帮，其中杭帮各色均做，工籍绍兴的磨光帮专做白货，兰溪帮专做面盆。

第二节　木作工匠身份的转变

手工艺是典型的人类活动，其目标是创造一种涉及事先计划并具有设计导向的行动的特定形式。工匠与传统手工艺行业密切相关，是在这些行业当中擅长某种技艺的人。《周礼·冬官考工记》有云："国有六职，百工与居一焉。""百工"主要指有关攻木、攻金、攻皮、设色、刮摩和抟埴的巧匠。东汉许慎编著的《说文解字》对"匠"的解释是"木工也。从匚从斤。斤，所以作器也"。"匚"是放置工具的筐器，"斤"为斧头，"匠"最初指的是从事木工的木匠。现在，人们对传统工匠的关注更多在于他们所创造出的产品的质量，而非产品的数量。

工匠的身份或地位可以从内在与外在两个方面来识别或分类。尽管人们可以根据对自身所具有的能力和知识来看待自己，但主要还是外部的因素，诸如血统、婚姻、教育、性别和种族等属性，影响人们对于阶层归属的看法。本书中对于工匠身份的定义，是基于工匠所具有的知识和从事的工作，所属的社会分类或团体、职业认同以及他们自身对该职业身份的认知。尽管职业身份与社

① 李次山：《上海劳动状况》，《新青年》1920年第7卷第6期。

② 《木作及木器工场》，《市政月刊》1932年第5卷第6期。

会认同不完全一致，但是在现代社会中工作身份和社会身份在广泛的意义上互相定义，属于某一群体的身份植根于与工作有关的活动。因此，了解与工作有关的活动有助于理解工匠在社会系统中所处的位置。

新石器文化时期，手艺与艺术未分工，工匠继承部落的传统，为所属部落的各种祭祀仪式服务。[①]工匠因此获得高于奴隶阶层的地位，有些甚至获得世袭的身份。较早明确木工职业的典籍《周礼·冬官考工记》中将“攻木之工”分为“轮、舆、弓、庐、匠、车、梓”七类。后来的典籍中对工匠的记载常以“工执艺事以谏”[②]的形式，生成隐喻系统。在木工行业里即以工具或工艺过程来与所要阐述的事理建立起映射关系，如《荀子·性恶篇》即以木材弯曲的工艺作为隐喻，“直木不待檃栝而直者，其性直也。枸木必将待檃栝烝矫然后直者，以其性不直也”[③]。比较典型的还有《墨子》，墨子从事过木工中掌墨师的工作，他将墨斗操作过程中“直道无曲”的经验应用到他所倡导的“节用”“兼爱”等学说当中。随着儒家学说逐步占据统治地位，典籍中“工执艺事以谏”的形式逐渐发展为文人的以工喻礼。这种转变的原因可能在于，早期的士人阶层本身参与生产和分配，《论语·微子》中的“丈人”曾对不参与生产劳动的“夫子”提出批评，即“四体不勤，五谷不分，孰为夫子”。后来随着分工的细化，士人阶层脱离生产劳动，当他们在探讨形而上学的学术思想时，尽管仍然需要以劳动中获得的新知识作为支撑，但社会分层已然形成。《孟子·滕文公上》中“梓匠轮舆，其志将以求食也；君子之为道也，其志亦将以求食与？”所说的“梓匠轮舆”都属木工。同样是比喻事理，从字里行间可以看出君子与工匠的阶层已经分明，如朱启钤在《重刊营造法式后序》中所言，“晚周横议，道器分途，士大夫于名物象数，阙焉不讲”，“专门讲求此学

---

① 张光直：《美术、神话与祭祀》，辽宁教育出版社，2001，第79–90页。

② 《尚书·胤征》云：“每岁孟春，遒人以木铎徇于路，官师相规，工执艺事以谏，其或不恭，邦有常刑。”见孔安国传，孔颖达疏《尚书正义》，北京大学出版社，1999，第182页。

③ 《荀子·性恶篇》曰：“故檃栝之生，为枸木也；绳墨之起，为不直也；直木不待檃栝而直者，其性直也。枸木必将待檃栝烝矫然后直者，以其性不直也。今人之性恶，必将待圣王之治，礼义之化，然后始出于治，合于善也。用此观之，人之性恶明矣，其善者伪也。”见梁启雄：《荀子简释》，中华书局，1983，第328页。

者，若柳宗元，亲见都料匠，画宫于堵，盈尺而曲尽其制，计其毫厘，而构大厦，作梓人传，而不著匠人姓字”。[①]从传承的角度看，《周礼·冬官考工记》所谓“知者创物，巧者述之，守之世，谓之工”，各部族掌握不同的技术，其延续下来，则为工匠。《周礼·冬官考工记》中将工匠分为两类，一类以氏族名之，如攻金、抟埴般以家族世传；一类以人名之，“然攻木无称氏者”[②]，是以巧为名，木作的传承并非为家族所垄断，而是属于完全开放的类型。当然，官方手工业一直保留有一定数量的工匠，或入匠籍或轮班。《礼记·月令》中所说的“物勒工名，以考其成”，以及《中庸》中“日省月试，既廪称事，所以劝百工也”的说法，都反映了当时的官方手工业制度。西汉时期设衙署制作陵内器物，《汉旧仪》中有所谓“东园秘器作棺梓”之说，木料由官方负责督促采伐，木作工匠被称为“东园匠”。“‘匠’含有技术的意义，匠为小吏，或可食禄，不是出钱雇的工人。”[③]其后基本沿袭“匠”的称谓，“魏晋因之，江左至宋、齐，皆有事则置，无事则省。而梁改为大匠卿，陈因之。后魏亦有之，北齐有将作寺，其官曰大匠，兼领功曹、主簿、长史、司马等官属。后周有匠师中大夫，掌城郭宫室之制；又有司木中大夫，掌木工之政令。隋与北齐同，至开皇二十年，改寺为监，大匠为大监，初加置副监。炀帝改大监、少监为大匠、少匠，五年，又改为大监、少监；十三年，又改为大令、少令”[④]。唐代之后，管理工程的木工称为“都料匠”，如柳宗元在《梓人传》中所言：“梓人，盖古之审曲面势者，今谓之都料匠云。”宋代欧阳修、沈括在著作中都曾提到都料匠喻浩（一作预浩）主持修建开宝寺塔的过程，欧阳修在《归田录》中写道：“国朝以来木工一人而已，至今木工皆以预都料为法，

① 朱启钤：《重刊营造法式后序》，载李诫《营造法式》，商务印书馆，1933，序目。

② 据《周官总义》卷二十六所述：“其他如轮人舆人之类则以人名之，谓工以巧为能，不必责之世守也。如筑氏冶氏之类，则以氏名之，谓官有世功、族有世业，必世习之为贵也，言人则上经所谓工有巧是已，言氏则上经所谓守之世谓之工是已。然攻木无称氏者，攻金抟埴无称人者，盖制木必以巧而金土实贵乎世习，宁非记者深得先王制作之意乎。”载纪昀等纂《钦定四库全书·儒部礼经》卷二十六，商务印书馆，第9页。

③ 周筠溪：《西汉财政制度之一班》，《食货半月刊》1936年第3卷第8期。

④ 郑樵：《通志》，中华书局，1986，第676页。

有《木经》三卷，行与世。”至明代，随着社会的转型，许多出色的工匠经由技术入仕，进入当时的官僚体系，如蒯祥、蒯义、蒯钢、蔡信、郭文英、徐杲等人，因营建重大工程出色而进入工部。据沈德符《万历野获编》记载：“当天，顺毕工时，尚书赵荣、侍郎蒯祥、陆祥，各赏银二十两，纻丝二袭，荣以楷书。二侍郎，一木匠、一石匠也，三堂俱异途，可笑。”①当时的士大夫对以匠人身份担任侍郎的陆祥、蒯祥较为排斥。而匠人入仕后，在朝中仍需谨小慎微，如焦闳《国朝献征录》中对被称为“蒯鲁班”的蒯祥的描述：“祥为人恭谨详实，虽处贵位，俭朴不改……既老尤自执寻引，指使工作不衰。”蒯祥虽任高官，恭谨俭朴一仍其旧，遇有重大营造工程，常亲自动手，并在年纪大时主动退隐。蒯祥得到善终，后辈多继承了他的精湛技艺，至晚清仍有“江南木工巧匠，皆出香山”的说法，他居住过的“蒯侍郎胡同”后来成为建筑业工匠聚集处。与蒯祥相比，徐杲的命运转折则道明了“工匠入仕”的凶险。据《明史·宦官李芳传》中云：“世宗时，匠役徐杲以营造躐官工部尚书，修卢沟桥，所侵盗万计……芳劾之。时杲已削官，乃下狱遣戍。”②这一正史记录了在嘉靖帝驾崩后，徐杲即被革职入狱。从上述事例中不难发现，在当时大部分人眼中，工匠的地位低微，徐杲的入仕被认为是“躐官”，即不正常的越级升官。这也证明在传统社会中工匠即使入籍或入仕，仍无法跨越阶层的鸿沟。

日本民艺学者柳宗悦认为，手工艺中的特殊制作、精英技术在封建领主制度的庇护下发展到鼎盛阶段，匠人们受到领主们的庇护，接受订货，技艺得以异常发挥，作品水平高超。由此可见，官方的管理和维持，促进了一些手工业品类的发展。尤其在木作领域，从“东园匠”到“御前作”再到清宫造办处的木作，宫廷对家具的需求提升了木作技艺的水平，提高了家具的精致化程度。至晚清民国时期，在外来经济、文化的影响下，中国社会发生了巨大的变迁。随着近代资本主义的发展，木作行业改变了传统的社会组合和生产形式。民国时期刊登于《绣像小说》的一篇文章，应该能够说明木作工匠在这一时期

---

① 沈德符：《万历野获编》，文化艺术出版社，1998，第648页。

② 张廷玉等：《明史·宦官李芳传》，中华书局，1974，第7799页。

的身份与地位："……这些劝工法子后来渐渐没有了，把做工的打入下流社会里，去道他是什么手艺人，比商人又次了几个等级，所以工人都不知道学问，一个大字不识，只把那斧斤钻凿等类的成法演习起来，就要算作工人，所以士人商人都把工人看得越轻贱了。古时工倕鲁班墨翟这一班人，创下做工的法子，何尝不是绝大学问都能著书立说，懂得算学、理化、重学、力学这些道理。自从西方汽机发明，传入中国，有些工人因见为习，学会了那些呆法，就当是一身衣食，所在不肯传授于人，其见虽愚，其情可悯。如今工业渐渐的贵重起来，学堂也开了几处，招人学艺。只可惜没有好好的大工师教导，徒袭个名目，学不到什么实在的本领，工价也太廉，瞻养不来工人的身家，所以中国工业要发达时还早得很哩。"①

① 周桂笙：《兴工厂徒凭口舌，思殖民引起豪游》，《绣像小说》1905年第60期。

第二章　材美工巧：传统家具的施作解析 ≫

传统家具可分为硬木家具、软木家具等类型，对传统的定义可分为狭义、广义两种。从狭义上说，传统家具指具有中国古典风格的民国前的旧式家具；从广义上说，具有或保留了传统式样并且造型优美、材美工良的家具，都称之为传统家具。传统家具因生活方式、材料以及工具的相互配合而逐步发展：新石器时期出现了建筑用的榫卯结构；战国时期广泛地采用榫卯接合的方式来制作各种生活器具；明中期以后，明式家具因榫卯结构的成熟应用而达到顶峰，并在家具的主要产地形成了具有典型地域特色和风格的“京作”家具、“苏作”家具和“广作”家具。传统家具在形式层面反映出技艺传承的延续性，在内涵层面反映出人们所处的文化环境情况。苏州是明式家具的主要发源地，苏作家具又称“苏式家具”，其简约、明快脱俗的风格，代表了典型的明式家具的风格。苏作家具雕刻题材多取自文人画，以松、竹、梅、山石、花鸟为主，也有寓意吉祥的传统图饰。雕刻细腻生动，棱角分明，常作小面积浮雕。苏作家具构件截面较小，工匠们追求“惜料如金”，为节省材料，有些家具采用包镶工艺。广作家具又称“广式家具”，主要指产于广东地区的清代中叶时期的古典家具。广作家具追求整料制成，因而用料普遍较为粗大，尤其体现在腿足、立柱等主要构件上。广作家具整体轮廓线条起伏较大，雕刻较深，雕刻题材受到西方影响，如常见的西番莲纹等。屏风类、箱柜类等家具还有各种表面装饰手法，如镶嵌玻璃、珐琅、象牙等。京作家具并非纯粹的地缘概念，其源于清代的官作制度，是由造办处征集全国的优秀工匠，融合“广作”“苏作”等地域性传统家具特点，不惜用料、工本制造的在宫廷使用的家具（如图2-1、图2-2）。在用料上，京作家具以黄花梨、紫檀木等名贵红木为主，比苏作家具厚重；在造型上，京作家具讲究圆润、灵动，通过对“泥鳅背”“鼓子板”“鸭嘴”等部件细节的处理，使之既具有广式家具浑厚端庄的风格，又有苏式家具线条挺拔、造型严谨的特点；在纹饰方面，京作家具注重装饰，雕刻题材多雕螭虎龙（俗称拐子龙或草龙）、凤纹等图案。与同样注重雕刻的广作家具相比，京作家具强调纹样的生动性，且多用浅浮雕的手法，一般深度为2毫米，而广作家具雕刻较深，一般能达到5毫米。

图2-1　紫檀黄杨嵌镶云龙屏风
（图片来源于《故宫周刊》1935年第457期）

图2-2　明代嵌玉紫檀床
（图片来源于《北洋画报》1926年第24期）

第一节　传统家具的制作工具与工艺

一、选料、下料

木材是传统家具制作的主要材料，选料、下料是制作工艺中重要的环节。过去选料、下料大多依靠下料师傅的经验，根据每件家具的结构、工艺，在头脑中规划好如何选料、下锯和制作的先后顺序等。总的来说，选料时应根据构件大小、部件纹理进行整体考虑，注重材料使用的合理搭配，不浪费材料。

（一）选料应参照木材的直径大小、长度以及种类、优劣，还有新料与老料等情况，将木材分类。分类的目的是能够方便地找到所需尺寸的木头，同时使开料的尺寸与原木尺寸相适合，做到“长料不锯短，宽料不锯窄”。板材的锯法，分为径切板和弦切板两种，要根据材料的种类及其形状用途来定。最普通的锯法是除中央为径切板外，其余都是弦切板。这种方法虽然最经济，但所取板材是容易扭曲变形的弦切板。沿半径方向锯断，能得到宽窄不等的径切板，但锯路的耗费太多。柱的取法有三种：一段只取一柱，即以木材髓部，置于柱的中心，锯过边材而成，干燥后极易割裂；一段木材中锯取二柱，每段只有沿木材的直径的一面为径切，他面均为弦切；一段木材中锯取四柱，每柱的两侧面均为径切，材性较好。

（二）选料遵循从好料到次料、从长料到短料、从宽料到窄料的顺序。首先保证家具框架用料的长度、宽度，再搭配短料、窄料。比如一把圈椅，首先需要考虑搭脑、靠背板、座面框架和面板等，其次考虑腿脚、各种短枨、牙板等。料配好以后，画线、锯切、刨削等工序都要尽量留足余量，宁可长，不可短。如果不得不截短或者裁窄，需要考虑如何搭配利用好剩下的部分。

（三）家具的结构强度与木材纹理有直接的关系，因此各部件纹理的选择非常重要。相比不均匀的纹理，直纹理部件的强度高，因此承受荷载的主要框架多选用直纹理部件；相反，与长轴方向偏离的纹理会对力学性能产生影响，因此某些部件的选材应限定纹理的走向。纹理平行或垂直于部件，都容易沿纹理方向产生破坏。此外，家具中存在的缺陷如节疤会使纹理方向发生变异，结构的不规则性如波状纹理或者交错纹理也会产生加工的问题，合理的选料可以有效地避免这些问题。

（四）合理的配料能充分体现材料的审美价值。传统家具多具有对称性的构图特征，选料时应整体审视各构件之间的关系，同时还要考虑两块相接面板的花纹的对称、纹理走向等诸多因素。比如顶箱柜、书柜的柜门以及桌、案椅的面板等要求颜色、花纹一致，讲究同一根木头对开拼板甚至独板，因此木材在锯成板材后，要按原来的层次叠放。尤其是门板用料时，开料后的板材必须原样叠放。材料径级较小，需要使用多根原木时，应先用凿子剔开表皮以选择相近的颜色。

下料过程中使用的主要工具是锯，常用的锯由锯梁、锯条、锯拐、锯扭、锯螺丝组成。锯的形状、构造、大小等因用途不同而有所不同，但锯齿只有纵断锯齿和横断锯齿两种。纵断锯齿锯木头的时候与木纹平行，楔形有助排屑，尖端的角度取决于木料硬度，软木角度更小更尖锐，硬木角度更大更钝。每个锯齿的切削面垂直于刀表面，但锯齿尖端左右偏离，以免夹锯。细齿锯常用于横断，锯齿从侧面磨制锋利，作用在木纤维上就像小刀切割。横切锯有多种形式。小刀锯锯齿较小，两面开齿，一面粗齿，一面细齿，多用于榫肩结合部位的精准锯割。

大锯用于原木开料，传统的大锯锯片较薄，比现在常用的跑车带锯省材料。大锯需要两个人配合操作，因此这种锯也称为“二人抬”。上锯负责送料，掌握平衡；下锯负责接料，协助上锯掌握木料平衡。因为噪声大，讲话听不清，下锯要看上锯的手语、手势行事，因此操作大锯的两人之间的配合很重要，木器行里常说“一个人干不来，两个人合不来”指的就是这种开料的大锯。

木框锯以条形薄锯铁，张于木框上，用绳扭紧。和板形锯不同，木框锯的锯条较狭，并且绳有宽紧，框有阻碍，需要经过长期的训练才能锯平直。纵断时，木工有“低头刨子仰头锯”的说法，即将木材的前端置于木马上，或者在条凳的前端垫一块木头，以形成前后的落差。锯割的时候，以右手握锯柄，左手按住板的表面，先轻推一两下，渐次用力，推出去时用力，拉进来不必用力。横断时，身体偏于墨线的左方，左手按住木材，右手握锯，平直推动，锯齿全部接触于材面，要拉进来时用力。初学者容易出现弯曲走线的情况，需注意锯身要垂直，随时注视锯身的两侧面，使锯身和墨线在同一条直线上；同时左足向前踏住木材，右足向后抵住板的后端，腿挺直，身体稍向前曲，胳膊肘一起运动。构件长度过长时为防止夹锯，可将锯身往回抽出一段距离，来回推拉几次。使用时应留意调整木框锯锯身的倾斜度、绳索的宽紧，锯身对木材的角度以30° 到45° 之间为最适当。须常用锯身的全部，如若使用一部分，这一部分的锯齿易于磨坏。

二、刨平

锯割完成后，需要对构件表面进行平直光滑的加工。刨平用到的主要工具有刨和锛，作用是保证加工表面的平整性，并达到各构件的设计尺寸。锛一般用于原木大料两边放平，在大木作中应用较多，效率较高，有所谓“一锛顶三斧”的说法。掌握锛需要大量的实践，民间有“千日的斧头，万日的锛，拉大锯不过一早晨”的说法。刨台是刨子的木质主体部分，一般使用坚重而韧性好的木材，长刨台适合刨平面，短刨台适用于刨凹凸处。刨台的上面称为背，下面称为腹或诱导面，前后叫刨头、刨尾，左右称左侧、右侧。为减少摩擦，保护刨刃，在诱导面前后的两端及近刃口处成一平面，其他部分稍凹下，以粗刨凹下最多，中刨次之，细刨则几乎没有。柄称为刨手，刨铁称为刨刃。刨削前先对刨刃进行磨光处理，粗磨石用来开刃和磨崩口，细磨石把刃口磨出稍有卷刃，翻过来在浆石上拖几下磨去卷刃，刀口就锋利了，所谓“粗磨口，细磨刃，背上几下是快刃”。磨光时握住刨刃中上部，将刨刃切削角斜面紧贴磨石平面推拉，用力均匀一致，防止将刨刃磨成弧形。

贴着刨刃的斜面称为押，押的倾斜度因刨子的用途不同而不同。如用于拼缝的长刨的倾斜度要小一些，用于净光表面的净刨、槽刨和起线刨的倾斜度大一些。粗刨的倾斜度一般小于41°，刨硬的木材倾斜度大一些，所谓“立一卧九，不推自走”，即刨刀垂直方向是一寸，水平方向九分，角度相当于49°。刨软的木材，角度可减至30°。与押平行的横木叫押梁，也称止木。刨刃现出诱导面的部分叫刃口，放置时应使诱导面向上，不用时将刨刃缩入刨台内。刃口的前方经常刮磨，所以刃口前方要比刃口后方硬，一般镶嵌金属条，称为镶口铁，既可以保护刃先的锋利，又方便出刨花。有些刨刃上另有一块护铁，压在刨刃的距离大约在0.5～1毫米，刨刃的中央开有一沟，用来装卸护铁，称为盖铁。盖刃作用首先是固定刨刃跟木头接触的部位，增加刨刃的稳定性，有利于切削；其次是利导刨花卷曲，避免起堑。盖刃不严，会导致刨子不出花。固定刨刃的木片叫刨楔，安装刨刃时，需要控制好楔子与刨刃之间不能有缝隙。刨楔应选用与刨身一致的材料，以避免不同材质之间因干缩湿胀而产生变形。刨刃镶铜的一面叫刃里，反之叫刃表。和刃里成角度的面叫切刃，所成的角度叫刃角。刃角一般为25°，因木材软硬而调整。刃角太小容易受缺损，刃角太大则不够锋利。刨削硬木比刨削软木所伸出刨底平面的距离要大一些，刨刃的进退影响刨花的厚薄，具体应根据不同材质而定，以刨削出连续刨花为宜。粗刨刨刃露出刨底一线，细刨与合缝刨刨刃露出刨底一纸厚，中刨刨刃露出刨底的长度介于两者之间。调整刨刃进退时左手使诱导面朝外与视线一致，食指按住刨刃，右手握槌轻击刨刃的头部可使刨刃出来，轻击刨尾可使刨刃退回。

刨刀按型面可分为平刨、圆刨、槽刨、线刨、弯刨等。平刨因为不同的加工工艺分为荒刨（二刨子）、长刨、大平刨（拼缝刨）、净刨（刨头子）等。荒刨长度为25～35毫米，作用是刨光粗料；长刨的长度为40～50毫米，作用是找直；大平刨，60～70厘米长，也称拼缝刨，用来拼缝，使表面平整光滑；净刨，又称为刨头子，长度为15～20毫米，用于处理戗茬，刨刃小，快一些。刨削不同形状的圆弧和弯曲工件时使用螃蟹刨（一字刨）。反台刨，又称为囤刨子，刨台前后成圆形，用于刨弧形板片，如S形的靠背板。槽刨用来刨沟槽。线刨用来刨各种花式线条。外圆刨也称为筒刨，用于刨凸圆面，较多用于刮圆柱形的腿料。内圆刨与外圆刨相反，刨台左右成圆形，用于刨凹圆面。

开刨时要防止翘头刨，收刨时刨底仍贴住料面后拉，不要让刨离开木料，防止在靠近端头的部分卡顿，造成低头刨。刨身的方向与所刨材料的轴线方向一致，不能歪斜。工作台应放平稳，夹紧拼缝板，粗刨细平看准，刨底不平两头翘，容易导致刨料出坑。平刨底放稳料，不磕头、不上翘，用力均匀，快推轻拉。如果拼缝不严，出现一道壕，会出现罗锅桥的现象。

三、画线

木器行里常说“好眼不如拙线”，画线是硬木家具制作过程中非常重要的前期规划环节。画线是用铅笔、角尺、勒刀、画针（划线刀）等工具在已加工出的各零件净料上确定榫眼、榫头和槽口的位置和形状，在榫眼及槽口位置标出深度。

（一）画线工具

画结构线的工具有墨斗、铅笔、自由角尺、木匠尺、大方尺（拐尺）、卷尺、划线针、勒刀等。

1. 墨斗和墨尺

墨斗又称墨池[①]，为准测具，由蓄墨绵器、转线的轮轴和线端所缚的定针组成。墨斗的使用原理是：在活动轮的转动下，抽出的墨线经过墨仓蘸墨，在木材上拉直墨线，弹画出长直线。做墨斗用柳木根最好，柳木根轻，但是硬度大，磕磕碰碰能够吃劲；另外柳木不容易变形，干了以后吃水、放水都

① 何为墨池，即吾人常见工人所用木作鞋形之具，内盛墨水与线。墨池是由台及滑车小锥等联合而成，台部长六七寸，以坚木为之，中有墨池浸盛墨汁之绵。滑车，上须绕以未练之生丝，若熟丝之质，柔韧弛缓，紧张无定，以之准测，易失精准，故此不可慎也。使用时，先以小锥或利钩刺着于起点，引长墨丝而紧张之，着于终点，然后提起丝之中央部分，骤放之，则可印出墨线。但提线时，须令其与材面垂直，其间有莫大之关系在，譬如有长方木材一块，从其中间分作两块，以作木箱两边之板，如用墨池提线时不垂直，其所分之两板，必一宽一窄，及作箱时，必不能合式，其板敷余处，尚可削刳，若不足处，则不可救矣，故提墨线时，必当垂直，印墨后，以滑车绕收之。见金绍芝：《木工器具之研究》，《华语学校刍刊》1922年第1卷第7期。

行，稳定性好。墨尺或称墨齿、墨帚，又名斩木剑，“常与墨池相伴，以竹为之，长八九寸，一端扁平。如切刀状，将此端割裂为数十片，状若木梳，用时沾墨池之墨，为量测定起点之用，它一端作圆形如笔尖，用以记文字符号等。此物虽微，亦工作时必需之具也”①。因为墨尺按着墨线，压一下伸出多少都可以，墨尺也被称为木器行里最长的工具。

2. 自由角尺

自由角尺又称活尺，是测量绘制各种斜角及嵌榫工作的用具。自由角尺由长臂和短臂组成，两臂螺旋连合，能够自由移动，形成不同角度的夹角。

3. 曲尺

曲尺，又名方尺或角尺，古时人们把曲尺和圆规分称为“规”和“矩”，所谓“没有规矩，不成方圆”。曲尺有长臂和短臂两部分，臂上刻有尺度。通常两臂都用硬木制成，用竹钉或木钉固定。曲尺用于画90° 角的线以及检查角度是否为直角，比如刮料，一般新手未必能把角刮方，所以要用方尺检验，所谓“料方不方问师傅”，这里所说的“师傅” 就是方尺。检查时把尺搁在部件成90° 的角上，尺不咣当且两个接触边之间没有缝隙、贴合严密，就说明严实了。

4. 划线器

划线器是划与一边平行的线所用的器具，由靠板、尺杆、尺槽内螺母、垫铁、圆头螺丝组成，在尺杆划线端有斜刃。靠板和尺槽用干燥好的不易变形的硬木制成，尺杆在尺槽内可以活动。使用时调整所需的尺寸，确定后由紧固圆头螺丝旋紧固定。在木料上划线时，靠板靠紧木料直边，顺木料直边略用力拉动，即可划出离木料边宽窄一样的刃痕。因为划线端有斜刃，划出的刃痕明显并且易于加工。划线器适合划木料加工中的平行线和净料加工中的榫眼线、榫头线、起槽线、前皮线等，比用铅笔画线误差小。

（二）画线工艺

按照画线的长度整齐摆放刨出的框料，对称排放弯曲料。画线时依次画出竖料、腿料以及横料、斜料。画竖料时考虑卧料的宽厚度，画卧料时考

① 金绍芝：《木工器具之研究》，《华语学校刍刊》1922年第1卷第7期。

虑竖料；先画两头的截断线，再画中间的榫眼线；榫眼和榫头尽量避开节子或缺损部位，先画榫眼后画榫头，画榫眼时考虑榫头，画榫头时看榫眼；画大面想后面，画小面想里面。框角榫卯的结合处，互相错位。大进小出锯榫头，前面的用料榫向上，侧面的用料榫向下。[①]板材选择好之后进行截料，先把白皮、端头的废料截下来，根据料单尺寸在截好的板材上下料。为了打准，画线有时需要尝试几次，这样几根线中有一根是对的，用符号“×”来表示。

画线还需要经常应对弯材直用的情况，选料时根据加工构件的尺寸大小，结合原木的整体弯曲情况、纹理走向，避开材质有缺陷的部分进行正反两面弹线，将各线依次引到腹背以下。画侧面线时，墨斗当作铅垂线使用，两面都要打墨线。

四、开榫凿眼

榫卯的精细程度决定了家具接合部位的强度，如果榫卯接合不好，即使当时使用胶水粘接牢固，时间久了破坏仍会发生。

（一）开榫凿眼

传统家具的榫卯结构较为复杂，但基本组成单元仍是直榫接合。直榫接合中榫头的长度因贯穿或不贯通的结构形式而定，厚度一般为部件厚度的1/3，宽度从部件宽度的2/3至整体宽度不等。锯切榫头时，先锯榫颊，再锯榫肩。锯榫肩时膀子落直，手指盖在锯条上，不伤榫头。凿眼的主要工具是凿，根据用途可分为打凿和铲凿。打凿是用铁槌敲打头部，以助刃口深入木材，专为凿孔用；铲凿专为铲平孔的侧面用。凿包括凿刃和凿柄两部分，凿刃分为刃表和刃里两面，刃角的大小根据所凿木材的软硬，以25°到30°之间为最常用。凿柄用硬木制成，端头缠绕用牛皮制作的箍，这种牛皮箍越砸越结实。凿柄和凿刃通过漏斗形的铁环嵌入接合，将头部所受的力量，完全传至刃口，以防止凿柄的破损。根据凿口的形状，凿子分为平凿、圆凿及斜凿

---

① 路玉章：《木工雕刻技术与传统雕刻图谱》，中国建筑工业出版社，2001，第37–44页。

三种。常用凿子的型号有二分凿、三分凿、四分凿、五分凿、六分凿等，根据所凿部件的尺寸不同，可以选用不同型号的凿子。

（二）打圆孔

传统家具中的孔一般口径较小，打孔的主要工具是牵钻。牵钻由把手、钻杆、拉杆和牵绳等组成。钻杆用硬木制成，上面套能自由转动的把手，下面有装钻头的方孔，通过皮筋连着拉杆，以便牵转。钻头形状多为三棱或四棱，多用铁钉锉尖，随锉随用。

（三）试组装

试组装是把开好榫卯的部件组装成相对独立的结构部件，以检查榫卯接合是否严密，以及有无歪斜或翘角等情况。试组装之前先用净刨子刮料，刮完之后再拿刨子倒角，所谓“木工不倒角，手艺没学好”，倒角时要数次数，否则容易产生倒角不对称的问题。试组装完成后，把各种部件拆开，再进行雕刻和起线。

五、起线打圆

起线打圆是传统家具的一种主要装饰形式，通常是在部件的边缘部分或棱角上做出各种线型，常应用于面板的大边、抹头和腿足等部位。经过起线打圆，家具的各平面出现凹凸和起伏，产生光影效果，家具在整体视觉上更显劲挺、饱满。传统家具的线脚类型丰富，根据截面形状可分为弄堂线、洼线、芝麻梗、皮带线、捏角线、冰盘沿、文武线、竹片浑、瓜棱线等。

六、组装

组装也称“攒活”，工匠也将组装面板的工艺过程称为“攒面子”。组装之前需要先“使鳔”，即在部件榫卯接合部位刷鳔。鳔的主要成分是生胶质、胶原蛋白和凝胶，传统硬木家具制作中一般使用鱼鳔胶。鱼鳔胶，俗称黄鱼胶，由成年的大黄鱼经过加工处理后制得。鱼鳔胶最大特点是具有可逆转性，即鳔胶受热后溶化，由此榫卯结构容易拆开。鳔胶的制作过程复杂，且熬制和凝固时间较长，目前很多家具制造企业用强度更高的化学胶代替这种胶，造成结构上粗制滥造、单纯靠胶接合的现象。在老匠人看来，现在有些企业大量使用化学胶，将结构做成不可拆开的“绝户活”，失去了传统家具榫卯结构的价值。实际上好的工匠做的家具既省鳔又严实，榫卯之间的空隙，不是用胶堵严的，而是靠鳔搓严的。使鳔讲究“两口鳔”，两口指的是两边抹，榫头和榫眼都得抹到，并且要趁鳔热有一定温度的时候抹，这样胶容易渗进去。因此，制作榫卯时接合的空隙要非常小，榫头插入卯眼中既可活动又不能活动太大，榫子插入一半时，透过卯眼能刚刚看到榫头的缝隙，用匠人的话说是“似见亮似不见亮”。

制作鳔胶要经过选料、泡蒸、砸鳔、熬制、晾晒等工序。

（一）原料准备。选择质地好的海生大黄鱼的鳔，干透备用。一般在霜降以后熬制鱼胶，因为这一时期冷而干燥的环境有利于胶的凝结和晾晒。温度过高会导致胶不凝结、干得慢，而且容易变质。

（二）泡、蒸。将鱼鳔泡软后剪成小块，继续泡二十四小时。攒干鳔体水分后蒸大约三十分钟，去除鱼鳔浮头上的杂质，继续用温水泡，直到鳔体里面没有硬芯、有些黏度为止，这个过程大概需要一到两天。

（三）砸鳔。取出泡好的鳔胶后锤碎。如果胶比较干，可添加适量开水。砸鳔不仅是力气活，还讲究技巧，工匠们常说“好汉子砸不了三两鳔”。用铁杵砸鳔时需要随砸随兑温水，砸到鳔浆能拉出线的程度。

（四）熬制。将砸好的胶取出，用纱布包好。将纱布放在铁碗中，边泡边压，将胶液全部挤压到碗中，鳔渣经晾干后保存。将胶液放入“鳔锅”中兑水熬制，熬鳔至少需要十多个小时。因此鳔锅一般分两层，内层盛胶，外层隔水加热。

（五）晾晒。用铜纱过滤后将胶液倒入大而平的容器中，待胶液呈冻状而未完全凝固时，用小刀拉成小条，放在通风处晾晒，最后将干硬的胶体放在密闭的器具中储存、备用。

组装时为了增强透榫的牢固度，一般还需要加砦子。方凳上的脑头砦，通常为一边一个。如果是软料，要在偏离中心的位置加一个脑头砦。大榫需要加两个砦子。砦子的制作很简单，可以用斧子直接劈出来。安装时先在榫头上凿出缺口，在砦子上涂上水胶后用斧子敲击挤进榫眼，最后用截锯将端头锯平。最后，需要注意“攒活”的工艺过程应在平整的工作台面进行，以便及时判别成品是否装正。在不平的地面上进行组装，由于受力不匀，容易造成家具的变形，待家具组装完成后，就很难再矫正。

七、净活

净活是染色和烫蜡之前的表面处理过程，主要包括鳔干透后的胶迹清理、表面刮磨、接口修整等工序。一般使用刮刀刮磨表面；接口部位使用镑刨修整。镑刨的种类很多，常见的有蜈蚣刨和小镑刨。蜈蚣刨常用于板面的刮平；小镑刨，又称螃蟹刨，主要用于修整线脚和凹凸的曲面。使用时将镑刨用力压刨平的木料，向前平推，刮平硬木表面上由戗茬等造成的小坑。与其他的刨子相比，用镑刨加工木材表面的效果更细致，可以将不平的硬木表面修整得平整光滑。此外，镑刨能“拿戗”，不会因戗茬而起堑。家具经净活工序之后，达到表面平滑、纹理清晰、线条流畅的效果。

八、打磨

打磨，又称“磨活”，是在烫蜡前对部件表面进行的修形和抛光处理。木器行里有“一凿、二刻、七打磨”的说法，可见打磨对于家具最终效果呈现的重要性。硬木家具的打磨一般按照干磨、水磨、再干磨的工序，打磨时应沿木材的顺纹方向进行，否则会破坏木材的表面纹理。常用的打磨材料和工具有木贼草、椋叶、浮石和木锉等。

以前北方的匠人多用锉草完成对硬木家具的打磨，使用时先将锉草泡水，再研磨木材表面。据《嘉祐本草》记载，木贼草可用于制木、骨：“该草有干有节，面糙涩，制木、骨者用之，磋搓则光净，犹云木之贼，故名。”锉草也称“节节草” 或“木贼草”，是生于湿润的山野中的草本植物，地上茎为中空的管状，全长约60厘米，每节约隔7～9厘米。将茎截取后，放入盐水中煮沸、晒干备用；使用时先用水润湿以防止茎干燥后折碎，摘去其节，摆平贴在板上。

南方的工匠，多使用棕叶打磨。棕叶是一种树的叶子，叶上有一层针状玻璃质，因此用棕叶打磨的效果特别细。盛夏的时候，采取成熟的棕叶，用细绳穿起来阴干，用麻袋装好备用。此外，还有一种常用的打磨材料为浮石，又名轻石，为火山喷出的岩汁，质轻多孔，类似海绵，碎为粉末，除用于磨木材之外，也可以用于研磨骨、角、大理石等材料。

木锉主要用于修整曲面，锉身有半圆形和平形两种。半圆形的锉一面是平的，用以锉平面；一面为半圆形，用以锉凹面。锉两面均凿有三角形大小疏密不同的小齿，可以根据需要锉的粗细程度使用不同的区域。

第二节　传统家具的结构

在使用木材构造家具和建筑的文化中，中国的木连接技术被很好地传承下来。从距今七千年前的河姆渡遗址中发现的简单的榫接合到明式家具复杂精致的榫卯结构，这种连接技术经过了不断的改造和创新，发展出的连接方式大概有数百种之多。榫，通“筍”，《周礼·冬官考工记》中提到“梓人为筍虡”，又“赢者、羽者、鳞者以为筍虡”，《释名》“所以悬鼓者，横曰簨，纵曰虡”。“榫卯”，来自《二程遗书》：“枘凿者，榫卯也。榫卯圆则圆，榫卯方则方”，“枘”“凿”分别指榫头与卯眼。古代常以方榫头和圆卯眼难以相合的工艺现象喻理，如《九辞·九辨》中的“圆凿而方枘兮，吾固知其鉏鋙而难入”，《庄子·天下篇》中的“凿不围枘”。李渔曾专门说明木器中榫卯的重要性以及用榫多少的辩证关系：“木之为器，凡合筍使就者，皆顺其性以为之者也；雕刻使之成者，皆戕其体而为之者也；一涉雕镂，则腐朽可立待矣。”①

传统家具的品质与榫卯的质量有很大关系，榫卯的位置、深度和大小在

① 李渔：《闲情偶寄》，沈勇译注，中国社会出版社，2005，第183页。

家具制作中非常关键，如王世襄先生所言："中国传统家具从明代至清前期发展到了顶峰，这个时期的家具，采用了性坚质细的硬木材料，在制作上榫卯严密精巧……各构件之间能够有机地交代连结而达到如此的成功，是因为那些互避互让、但又相辅相成的榫头和卯眼起着决定性的作用。构件之间，金属的钉子完全不用，鳔胶黏合也只是一种辅佐手段，凭借榫卯就可以做到上下左右、粗细斜直，连结合理，面面俱到，工艺精确，扣合严密，间不容发，常使人喜欢赞叹，有天衣无缝之妙。"[①]

一、传统家具结构的演变

传统家具结构与传统家具的发展演变过程密切相关，从席地而坐到垂足而坐的生活方式的转变对传统家具结构的变化产生了深刻的影响。首先，高型家具的出现，对接合部位的力学性能提出新的要求。简单地说，高度增加增大了力臂，因此需要强度更高的材料才能承受荷载。其次，强度较高的木材大都脆性较大，对加工的精确性要求较高，榫卯必须做到适当的公差配合。如果榫大眼小，装榫时用力过大则易开裂；榫小眼大则易脱落。软木榫眼即使有较大的过盈配合，榫头压缩变小后榫眼也不会损坏。再次，家具的品类增多，使得结构种类增加。即使是相同部位的结构，也因家具品类的不同而有不同的处理方法。如床、椅子、柜类的门板都由攒边打槽装板结构造成，但接合部位处理有相应的变化。床的框架较宽，常采用保角榫，即大边除留长榫外，还加留三角形小榫。小榫分为闷榫与明榫两种，是在单榫的基础上分别在大边开榫的尖端开一斜眼，在抹头开眼的尖端留一小榫。椅子一般使用夹角榫结构，柜类门板横竖材的连接多使用揣揣榫结构，正面格肩、背面不格肩或者正反面都不格肩。

传统家具结构经历了从粗放到细致的演变过程，从透榫到暗榫的变化是这一过程的重要体现。在早期的家具中经常可见出头榫，这种结构保留着大木作梁架的特征，在明式家具中仍然保留了管脚枨的做法。管脚枨用

---

① 王世襄：《明式家具珍赏》，文物出版社，2003，第35页。

明榫，且出头。在明代早期家具中多见明榫，也称过榫，在外侧面暴露榫头。明榫的优点是榫头深而实，可在榫头中间加木销，即使木材收缩，榫也不会脱落。这种结构弥补了古代加工技术、加工工具和黏合剂强度的不足。明代后期及清代初期开始使用暗榫，其优点是木纹的整体效果不受影响，缺点是容易造成眼深榫短，或眼大榫小“虚榫”的现象，影响接合的强度和耐久性。

传统家具经历了构件尺寸从大到小，榫卯形式从简单到复杂的变化。如夹头榫结构出现之前桌案用料普遍较大，腿与座面的连接仅为直榫，没有横向联系。明中期之前，内胎为银杏、松木等软质木材的漆木家具仍然流行，因为木材较软，榫卯内部不能做互相勾连的精巧细致的造型。明中期之后，人们以使用硬木家具为风尚。硬木材料的应用丰富了家具的种类和款式，使得制作许多精致复杂的结构成为可能，榫卯结构的类型进一步丰富。比如早期应用于圈椅的扶手以及部分圆形桌几的面板框架连接的弧形接合的做法，最初是两个构件各出榫卯，但这种连接方式不能限制前后方向的移动。后来的做法是两构件端头各出小榫，榫头入槽后使两部件端头紧贴在一起，以固定上下方向。在搭口的中心部位凿长方孔，楔入榫钉，使两片榫头在左右方向上不能拉开，从而将两根弧形弯材连接起来。

经过工匠的不断改良，传统家具的结构更加合理。如霸王枨的做法是上端用销钉固定连接穿带，下端与足腿的上部结合。霸王枨把桌面承受的重量进行了分解，均衡地传递到腿足上。此外还有扶手椅正面壶门的结构和丰富的矮老装饰造型，这些精巧的结构同时成为传统家具的典型装饰元素。

二、传统家具与传统建筑结构的关系

在中国传统文化中，家具和建筑是相通的艺术。如莎拉·韩蕙（Sarah Handler）所言，家具是缩微的建筑，建筑是放大了的家具。首先，传统家具存在并适用于建筑中，这两种艺术形式相互影响，彼此促进。唐代之前，人们习惯于坐在席子上或者低矮的平台上，使用矮桌，通过屏风划分空间。垂足而坐的生活方式的出现，改变了建筑的比例，房间和窗户变高以适应新的高度；室内空间被分为不同的房间，每个房间和器具有特定的功能，此时出现了更多品类和款式的家具。其次，与雕塑等其他三维的立体艺术形式不同，家具与建筑目的都在于服务使用者的需求，都需要考虑接合形式和结构强度。

（一）框架结构与梁柱系统

中国传统的家具和建筑，形成了有别于西方砖石结构的木构系统。由于中国传统家具和建筑的取材一致，所以家具的制作能够成功地移植传统建筑中合理的因素，两者在结构、造型、装饰等方面具有同构性。①

为更好地理解家具和建筑之间的共性，有必要先了解建筑中的典型结构。中国建筑以梁柱榫卯接合为屋身，加上曲线优美的屋顶，形成与其他建筑体系不同的外形特征。这种结构在宋代已经成熟，名为“三分”，“凡屋有三分，自梁以上为上分，地以上为中分，阶为下分”②。梁柱结构通过斗拱搭扣交叠，支撑和传递屋顶的载重。为了保持稳固，柱子向内倾斜，柱子截面逐渐缩小，从而形成视觉上的稳定。墙壁不承重，其功能类似于隔断，使内部规划和家具布置更灵活。柱和梁嵌在墙壁中或半露在外面，有时形成显眼的线状排列，也可以单独建在墙外。室内屋顶通常可见，其横梁也多有雕刻装饰。这样一来，木质框架不仅支撑着建筑，也能作为装饰。有时，前后外墙都有木质花格窗，夏天热的时候可以取下来，因此明朝晚期文震亨称之为敞室。③

与建筑一样，传统家具为框架结构，这个框架是由柱和梁组成的梯形结构，侧脚的柱式用来支持顶部的结构。这种结构在圈椅、案、抽屉桌和面条柜上表现得很清晰。还可以将整块的面板、格子或者更窄的板面框架嵌入，用以布局分配。攒边打框装板的框架结构让面板可以受温度的影响而扩展或收缩，因此较不容易产生形变。

木结构古建筑中的垂直受力构件主要是柱，所以石膏墙会坍塌，但木

① 楚小庆：《中国古代木构架建筑与家具同构性分析》，《东南大学学报》（哲学与社会科学版）2009年第3期。

② 胡道静校注《梦溪笔谈校证》，上海出版公司，1956，第571页。

③ 文震亨：《长物志图说》，海军、田君注释，山东画报出版社，2004，第426页。

构架建筑可以长久保持。同样，椅子和橱柜上的面板可以移动，而整个结构框架是固定的。木结构建筑和木制家具都是由标准模块化部件通过榫头和榫眼组装起来的，如需增加强度可使用木销或木钉，而不是依靠胶水或钉子。这种结构允许框架的拆装，因此建筑物可以方便拆除，也可以在其他地方重建；同样，架子床可以被迅速地拆开，以便于运输和储存。

隔断的巧妙运用使内外在空间上隔而不断，这种隔断将外部空间延伸到室内，又能保持一定通透性，因此在传统建筑中既可以规划空间布局，又可以起到一定装饰效用。在感官上，空间布局形成了三面围合的架子床是与中国古代建筑形式最为接近的家具，通过柱子支撑顶板，柱子提供结构的支撑而栏杆提供横向稳定性。如果是拔步床，前面还有短小的走廊，这种结构在外观上像是建筑物前面的游廊，因此常被称为“屋内有屋”。

（二）传统家具与传统建筑结构部件的比较

传统建筑与传统家具同构，不仅体现在梁柱结构与框架结构的同源上，许多榫卯结构的形式亦有相似性，如表2-1所列。

表2-1 传统建筑结构与传统家具结构的比较

传统建筑结构	传统家具结构
飞檐（斗拱）	栌斗
替木	托角牙（一腿三牙）
柱与枋之间的燕尾榫	格肩榫
梁柱鼓卯	抱肩榫
壶门	券口
侧脚	挓
卷杀	收分
管脚榫	挖烟袋锅
檩条	承尘
柱础	三弯腿等
月梁（冬瓜梁）	罗锅枨

续表

传统建筑结构	传统家具结构
错枨	步步高赶枨
箍头榫（接长）	弯材楔钉榫

1. 斗拱与栌斗

斗拱可以看作是中国传统木制建筑的基础词汇，一根根曲木通过交叠的形式将屋檐托起，实现了纵向力量的横向延伸，从而构造出丰富多元的飞檐，形成中国传统建筑中屋顶造型的重要组成部分。栌斗是斗拱中连接柱头与斗拱的构件，由柱头发展而成，也是重量集中最大的拱。唐中期高元珪墓壁画的扶手椅中，扶手以栌斗相承托的形式即借鉴了当时建筑结构的做法。

2. 替木与托角牙

托角牙大致分为牙头和牙条，一般用于横材与竖材交界的拐角位置，部分托角牙也会类似于传统建筑中的“枋”，一般在立柱中间横木下安一通长牙条。同替木牙子功能相仿，托角牙也承载着协助横梁负荷重力的作用。通常情况下在立柱的结合位置、椅背搭脑又或是前角柱跟扶手结合的地方运用牙头；在某些器型体积相对大些的家具中，如衣帽架、长形桌、方形桌等，则往往会选用托角牙条。除此以外，还有包括凤纹、云头、流苏、悬鱼及各种花卉牙子等在内的形式多样的牙子，这些牙子不仅装饰性极好，也可以起负重和加固的作用。明式家具中的一腿三牙结构和建筑里的替木相呼应，所谓一腿三牙，即该类方桌两侧的两根长牙条及桌角的一根短角牙与四条腿中的任意一条腿都相互连接。

3. 通雀替与夹头榫

托木即宋朝的绰幕，在几百年后的清朝它的名字更迭为通雀替，民间也称其为插角，意为安放于梁与柱的交角处，可以巩固直角。“通雀替”的“通”意即贯通、连通，指贯通穿插于柱顶中，而非如大雀替一般安置在柱顶作为柱头。这种造法在家具中被运用在桌案面板与腿足的连接上，即夹头榫与插肩榫。夹头榫与插肩榫都是把贴合在案面下的长牙条嵌于四足上端的开口中间，不同之处在于夹头榫的中腿超出牙条和牙条的表面，而插肩榫的中腿与牙条表面平齐。直材（腿子）和横材（牙条）的合理镶夹，使得其接触面扩大，底架得以稳固，再通过结合四足顶端的榫头与案面，搭建出结构更为适宜的条案。通雀替的形状经历了从狭长到宽厚的变化，同样夹头榫的造型变化也成为明式家具和清式家具在形制上的一个重要区别。

4. 侧脚与挓

侧脚，《营造法式》解释为“凡立柱，并令柱首微收向内，柱脚微出向外，谓之侧脚”①，意思是说，制作时使建筑檐柱的柱脚部分稍微朝外部撇，令柱身微往内部倾斜而非全部垂直于地面。宋代的立柱运用“侧脚”的做法，使得木构架建筑整体更加平稳牢固。传统家具参考了该结构以加强家具结构方面的稳定性。由于它腿足向外张开的造型，家具匠师称其为“挓”，在桌、柜、凳等家具上常见。正面方向的侧脚称作“跑马挓”，侧面方向的称为“骑马挓”，“四腿八挓” 则是正、侧面都有侧脚的称谓。“侧脚”也正是《鲁班经匠家镜》一书“家具”条款里反复提及的“下梢”或“上梢”。“下梢”指的是下端，对应“上梢”则是上端。例如 “衣橱样式”里有 “其橱上梢一寸二分”，是指柜足有下端大而上端小的侧脚，其中足下端较之足上端延伸一寸二分，即柜足下端的宽度较柜足上端的宽度多一寸二分。这种橱柜上微窄、下微宽，民间称之为“面条柜”，不单单能够带给人感官和心情上的平稳与安定，其柜门也能够很好地通过重心力得以自主闭合，在原理上亦是相当合乎力学。除侧脚之外，建筑的柱与桌案类的圆形腿都有收分。

5. 月梁与罗锅枨

我国传统古建筑传承沿袭木结构梁架系统，其最主要的功能为负载重量。平直的梁多出现在我国北方的木质结构建筑里，而在南方的木质结构建筑里则会把梁稍做弯曲，状似弯月，月梁由此得名。罗锅枨与月梁的结构原理相似，一般用于桌、椅类家具之下连接腿柱的横枨。罗锅枨因为中间高拱、两头低，形似罗锅而得名。

---

① 戴吾三：《考工记图说》，山东书画出版社，2003，第17页。

6. 其他

束腰与须弥座，矮老与建筑栏杆装饰性的基座，柜门、围子与建筑的窗棂等部件在结构形式上都有相似性。

三、传统竹家具结构对传统家具结构的影响

中国传统文化中人们对竹子有着特殊的文化情感，竹艺术在传统绘画艺术中具有重要的地位，竹家具所蕴含的诗意生活和气节符合历代文人的精神追求。如《长物志》中以古为雅，以朴为雅，提出榻、书架等使用竹材为最“雅”；清雍正皇帝曾让年希尧做香几炕案，材质“或彩漆，或镶斑竹，或仿洋漆”。可见竹家具不仅在平民百姓，亦在上层社会得到认可。进入现代社会一段时期以内，由于塑料及木制家具的冲击，竹制家具逐渐没落，学者对传统家具的研究也多局限在硬木家具上。

（一）竹文化与传统竹家具

竹与传统文人的审美趣味、伦理道德意识相契合，是传统绘画艺术中常见的题材，画竹需要遵循严格、复杂的规则。对中国艺术家来说，竹子最能体现绘画的技巧。据说水墨画的起源就和竹子相关：月光将竹影投在中式窗牖的半透明窗纸上，快速跟踪竹叶的运动就会产生有节奏的、虚实相间的笔触。竹材料易得，生长周期短，在农业时代的日常生活中得到广泛的应用。如李渔在《闲情偶寄》中所言：“‘宁可食无肉，不可居无竹’，竹可须臾离乎？竹之可为器也，自楼阁几榻之大，以至笥奁杯箸之微，无一不经采取，独至为联为匾诸韵事弃而弗录，岂此君之幸乎？”[①]

在文人阶层，以物为友，形成朴雅的氛围以舒缓身心，是文人的喜好。由于心中的竹子情结，竹家具成为常伴文人左右的“雅物”。《长物志》中榻的定式要“中贯湘竹”[②]，湘竹是竹家具中的常用材料，因其竿部生黑色斑点，《竹谱》中称之为“湘妃竹”或“泪痕竹”。关于湘妃竹的由来，还有一个传说：“尧之二女，舜之二妃，曰‘湘夫人’，舜崩，二妃啼，以涕挥竹，竹尽

① 李渔：《闲情偶寄》，沈勇译注，中国社会出版社，2005，第206页。

② 文震亨：《长物志图说》，海军、田君注释，山东画报出版社，2004，第262页。

斑。”屠隆描述了文人生活中的竹榻，“置于高斋，可作午睡，梦寐中如在潇湘洞庭之野”[1]，悠然、诗意的生活场景跃然纸上。

精神层面之外，实用性是文人大量使用竹家具的另外一个重要原因。《遵生八笺》中记录了竹榻的制作：“以斑竹为之，三面有屏，无柱，置之高斋，可足午睡倦息。榻上宜置靠几，或布作扶手协坐靠墩。夏月上铺竹簟，冬用蒲席。榻前置一竹踏，以便上床安履。”竹榻在夏季使用，有清凉爽身的功效，冬天铺上蒲席。倚床使用则考虑到经常搬到户外，要求重量轻，因此“用藤竹编之，勿用板，轻则童子易抬，……如醉卧偃仰观书，并花下卧赏俱妙”[2]。

（二）竹家具与传统硬木家具

中国真正意义上的高座形式出现在宗教题材的绘画中，《摩诃止观》中记载坐禅需要“居一静室或空闲地，离诸喧嚣，安一绳床，傍无余座”。绳床是一种绳编的网状椅座，也称“禅床”。禅床大致有两种类型，一种源自印度，以旋木腿或宗教法器为支撑；另一种由竹、天台藤等天然材料随形制作而成。因此，竹制或藤制禅椅产生较早，并对木质椅子的汉化和后期发展起到较大的作用。

竹家具的演变呈现为两种类型：一种造型简单，端头开放，在明代之前作为禅椅在寺院广泛使用；另一种向精致化方向发展，结合藤编或大漆，端口为螺钿或骨片、金属装饰，尤其清代之后在官宦人家普遍使用。

竹家具对传统硬木家具的影响具体体现在形制和结构两个方面。

第一，形制方面。竹家具具有强烈的文人色彩，在文人的心目中含有恬淡无忧的意味，对明式家具某些形制的形成起到了一定的作用。明万历年间仇英所绘《竹园品古图》场景中的禅椅，材料使用湘妃竹，形制沿袭了竹制禅椅清秀、脱俗的特征，简约有力，结构精简到了无法再减的程度。后世以硬木替代竹材，以圆形为构件制成的禅椅，成为传统硬木家具的一个经典款式。再如灯挂椅，据说因搭脑出头与竹制灯挂相似而得名，最早的灯挂椅完

① 屠隆：《起居器服笺》，载黄宾虹、邓实主编《美术丛书》二集第九辑，浙江人民美术出版社，2018，第191页。

② 高濂：《遵生八笺》，巴蜀书社，1988，第334页。

全有可能由竹材制成。南宋《张胜温画卷》中的一款禅椅，搭脑和扶手出头充分利用了竹的自然弯曲形态，并且具有一定的功能性，方便悬挂僧人随身携带的器物。

明清时期还出现了一批以硬木模仿竹材特点的家具，成为传统硬木家具后期的一个独特类型，即线式结体家具[①]。如《鲁班经》中所述“屏风式”的做法，“外起改竹圆，内起棋盘线”[②]，凸圆形的线脚以及圆形构件之间形成的相贯线成为这类家具的典型特征。明式家具以较为简洁的圆形构件为主，竹家具可能在传统家具构件截面从方形变为圆形的过程中起到了重要的作用。

第二，结构方面。古斯塔夫·艾克在他的《中国民间家具》一书中提到中国家具结构形式有三类：一为框架结构，二为立柱横梁结构，三为竹家具。[③]竹家具因其材料性能特点而为木作工匠所欣赏并被借鉴到传统硬木家具的结构中。其一，竹内部为空心，接合部位强度较弱，因此竹椅后腿之间或扶手与后腿之间往往以多根细竹并列。其二，竹在种植时可以用木模具固定，以绳捆缚，很容易自然生成弯曲的部件形态。因此，罗锅枨最早应为竹管弯曲的部件。其三，参照竹制的弯烤包管方法[④]，硬木家具有了与之类似的裹腿做法，至今民间依旧有运用柳木全然遵照竹管弯曲的工艺去制造的圈椅。其四，圈椅中搭脑与扶手连为一体的轭型曲线与竹家具有传承的关系，从连接弯材的楔形插入榫的结构看，应该是借鉴了竹家具常用的竹钉楔入的连接方法。

四、传统家具结构的造型特征

结构通常情况下会被理解为功能的承载体，一直被从外表的造型要素中区别出来，并且其审美价值被忽略。传统家具的榫卯结构形式是一种语言，

① 朱方诚：《“线式结体”——明式家具后期的一个独特类型》，《家具》2010年第6期。

② 午荣编《鲁班经》，张庆澜、罗玉平译注，重庆出版社，2007，第62页。

③ 古斯塔夫·艾克：《中国花梨家具图考》，薛吟译，地震出版社，1991，第20页。

④ Ronald W. Longsdorf，“Chinese Bamboo Furniture —Its History and Influence on Hardwood Furniture Design,” *Orientation* 1(1994)：76–83.

具有显著的空间及平面视觉特征，蕴藏着丰富的传统文化及民族感情、信仰与思想的共鸣，充分体现了结构系统功能与文化价值的结合。

（一）传统家具结构的空间形态

空间形态的主要组成元素包括线、面、体，榫卯结构通过组成部件的排列、组合，完成上下、左右、方圆、曲直等各种形式的接合，体现了立体构成的特点。根据榫卯构件接合时的相互位置关系，产生立体相贯、支撑、围合等空间形态。

1. 相贯。两立体相交称为两立体相贯，它们表面形成的交线称为相贯线。传统家具结构构件分为平面构件和曲面构件，两构件相交可分为平面构件与平面构件相交、平面构件与曲面构件相交及两曲面构件相交三种情况。平面构件之间相交的相贯线一般是封闭的空间折线，如果构件完全相同，相贯线会沿着一条对角线，视觉上会显得更加精致。平面构件与曲面构件相交的相贯线是由若干段平面曲线或直线所围成的空间曲线，典型的结构如管脚枨。两曲面构件相交的相贯线为封闭的空间曲线，这在两曲面尺寸相同的圆材丁字形接合中常见，如椅子的搭脑和后腿相同。两曲面尺寸不同时，又可分为交圈与不交圈两种情况，如腿和枨子接合。不交圈时，枨子的外皮退后，和腿足外皮不在一个平面上，枨子还是里外皮做肩，榫头留在月牙形的圆凹正中。如果交圈，枨子外皮和腿足外皮在一个平面上，做法是枨端的里半留榫，外半做肩。这样的榫肩下空隙较大，有飘举之势，也称为飘肩①。

2. 支撑。形体符合中心规律，即任何物体都要有支撑块或面。传统家具中形体的稳定是极其重要的，家具结构的支撑构件大多从建筑结构延伸而来，与通常支撑面越大越稳定不同，传统家具的支撑结构构件断面往往较为纤细，却能产生很强的力度感，如一腿三牙罗锅枨（建筑中的雀替）与霸王枨，以弧形姿态向中心聚集。

3. 围合。围合限定了空间，丰富了空间层次，形成封闭、半封闭、

---

① 王世襄编著《明式家具研究》，三联书店（香港）有限公司，1989，第103页。

开敞、半开敞等不同的空间形态。传统家具以线为主的结构划分了内部的空间，横向和竖向构件围合空间，接点则加强了结构感。比如管脚枨用明榫，并出头少许，内部空间与实体结构相互融合，体现了传统造物“有”与“无”的空间关系。

（二）传统家具结构的视觉特征

中国传统造物体现了在实践中发现自然节奏、生命韵律的过程。传统家具结构经过长期的历史演变，通过使用简单和基本的图形进行构图和排列，提炼自然形式的本质和结构感，形成明显的视觉特征。

1. 平衡。秩序和规律是传统造物的重要特点之一，传统家具基本以中轴线或者中心点保持形态上的对称，比如各种椅类，往往以正方形的对角线为中心，形成对称关系，增强了整体统一性。

2. 闭合。传统家具常起线脚，通过运用各种直线、曲线的不同组合，形成封闭的空间曲线。此外，屏风、架格上也经常使用连续性的抽象线形，构成封闭性的虚空间。这些线脚和相交线充分利用线与面所产生的光影，丰富了家具的造型。

3. 梯度。通过收分和侧脚形成梯形空间，这种形式从结构到视觉上都比较牢固稳定，在椅子、桌案及柜类上都有体现。

4. 呼应。传统家具结构追求空间完整性和空间形态的呼应关系，如径切的直纹与横向和竖向的构件相呼应，有助于增强结构的视觉效果。再如四出头官帽椅，搭脑和扶手出头形成空间层次，相互呼应。

5. 灵动。传统家具结构的灵动性特征体现在由自然形态演变而成的动态曲线上，通过简单的纵向、横向结构与动态曲线（如鹅脖、联帮棍、搭脑等）形成非对称及疏密排布、直线和曲线的对比、静态感与指向性动感的结合，这种生长的秩序具有很强的视觉张力。

（三）传统家具榫卯结构的文化符码

符码原指语言或文字上最小的表达单位与组合规则。美国学者皮尔士（Charles Sanders Peirce）根据抽象化的程度把符号分成三种层次：图像、表征和指示。如表2-2所列，图像是视觉象征的最低层次，即以相似的形象模仿存在的事实或借用原已具有意义的事物来表达它的意义。从某种意义上说图像并非象征，因为图像是具体的（没有提炼或者缩减）和自然的（非主观）。第二个层次是表征，表征是抽象的，因为它提取世界的特定方面；它又是自然的（非主观），因为它保留了外部世界的拓扑结构。视觉象征的最高层次是指示，如手势、交通标志、纹章等。指示是抽象的和主观的、非连续性的（如手语），减少细节并指向面向复杂概念的外延意义（如纹章表示地位）或信息，通过约定俗成或比拟的方式，引申或联想所欲表达的意义。

表2-2　视觉象征三层次

图像	表征	指示
自然的，具体的	自然的，抽象的	主观的，抽象的
细节充分	细节减少	细节减少
物体	某个方面	概念，信息
精确	精简	启示

中国传统艺术重视载道、表意，传统家具并非仅是单纯的物质实体或装饰符号，结构作为其构成的因子，可以被视为文化脉络或系统中的符号，并以此为载体赋予传递意义与象征意涵的功能。首先，传统家具结构多受建筑的影响，有些构件由建筑构件缩微而来，如云纹牙头，这一类型属于图像层次。其次，民间匠师多以较形象的名称命名结构部件，习惯以表达谐音的方式来将吉祥的意念转化为具体的结构造型，比如官帽椅中最典型的搭脑有骆驼背式、蝙蝠式等多种形式。这些名称具有某一方面抽象化了的特征，自然存在着艺术技巧与观念，也表现了民间技艺的传承。从更深层次来说，在外观表面下，榫卯结构在制作、使用过程中融入人们普遍认同的社会准则，有些已经成为榫卯结构制作的范式，其本质上是通过“物”进行经验与情感的联络，暗喻文化设计中隐性的形而上精神。这类结构通常都具有指示意义并塑造出特殊的文化形态现象，如四面平结构是明式家具最简洁的形制，其器型蕴含宋明以来的理性精神；再如圈椅上圆下方的整体造型及裹腿圆包圆、脚枨外圆内方等结构形制，充分体现了天圆地方、外圆内方等传统哲学思想。

五、传统家具结构的功能特征

在传统社会的居住环境中，家具一般就近制作，极少牵涉到运输和装配的问题。除顶箱柜、罗汉床、架子床等大件家具可作拆装外，大部分家具做成整体结构。现代人一般居住在高层楼房，运送家具需要通过狭窄的楼道、电梯、门等，因而在功能方面传统家具存在与现代社会居住环境不相适应的情况。随着连接技术的发展，通过应用自动化生产、改进的连接设计以及安装设备，尤其是连接件成本较低且安装高效，成为木材连接中不可缺少的部分。传统家具生产企业可以在保留传统家具结构特点的基础上，探索应用现代连接技术，从功能的角度对传统家具结构进行改造。

（一）传统家具的拆装结构

家具可分为固定和拆装两种类型，通过胶黏剂或其他永久性紧固件连接的家具是不可分离的，称为固定式家具；通过使用连接件，可以被拆卸和组装的家具，称为拆装式家具。与固定式家具相比，拆装式家具部件叠放后存储空间较小，可以降低运输成本并减少运输过程中跌落或遭到破坏的可能性。人们通常认为传统家具采用整体、固定结构，而忽视暗藏其中的拆装式结构。实际上，传统家具中存在着许多巧妙的拆装结构，通过外嵌的榫卯构件或构件自身的搭嵌勾挂等机构，可改善以框架式结构为主的传统家具不易搬运、装配、存放的缺点。

1. 传统家具拆装结构的类型

（1）另加的榫销。王世襄先生将“另加的榫销”作为基本接合形式之一：“在构件本身上留做榫头，因会受木材性能的限制，只能在木纹纵直的一端做榫，横纹一触及即断，故不能做榫，这是木工常识。如果两个构件需要联结，由于木纹的关系，都无法造榫，那么只有另取木料造榫，用‘栽榫’或‘穿销’的办法将它们联结起来。”嵌榫属于栽榫的一种，是将构件做成榫的样式，嵌入两个木构件之间的榫槽内，最常见的嵌榫是拼接构件或作为补强构件拼接时常用的银锭榫结构。与嵌榫不同，其他类型的栽榫通常隐藏在构件内部，常用在腿与牙板、桌案面芯板的连接及薄木制成的升、斗、匣等小型器物上。栽榫中比较有特点的一种是“走马销”，走马销的优点是构件容易拆装、便于搬运。栓的主要作用是固定相交的两个构件，接合时首先在榫头伸出的构件上打孔，然后将上大下小的栓垂直打入孔内。明露在外面的部分，有阻挡榫头松动的作用。

（2）构件锁扣型拆装。传统家具中基本的锁扣形式是搭接结构和榫槽结构。搭接结构常用在机凳的十字枨、床围子攒接万字纹、花几上的冰裂纹等图案上，连接形式是在两个相同构件交叉接合的部位，构件上下各切去一半，合起来成为一根的厚度。搭接的形式除了直接，还有斜接的形式。构件断面较小时，比如床围子上的攒接图案，榫卯接合部分用“小格肩”，以免剔凿过多影响其坚固性。榫槽结构是在一构件上开榫头，另一构件上开槽，如同拼板结构实现部件的拆分。在朱启钤先生的《匡几图序》中描述了一组可拆装的匡几：“近通州张叔诚出所藏小漆阁二具，见示木胎金髹，张之为多宝阁，敛之成一匡箱，卯笋相衔，不假铰链之力而解合自然牢固，诚巧制也。”这组匡几不用任何铰链，通过榫槽实现拆装。

随着传统榫卯结构向精密、复杂的方向发展，在搭接结构和榫槽结构的基础上，以燕尾榫为原型又衍生出诸如银锭榫、银杏榫、螳螂头榫等各种平面锁扣形式和斗拱、鲁班锁等三维锁扣结构。鲁班锁起源于古代建筑中的榫卯结构，是一种三维组合结构，由基本的搭接榫构件通过位移以实现杆件的互补与自锁，从而形成稳固的特有结构。

2. 传统家具拆装结构的功能

（1）搬运。床及罗汉榻、顶箱柜等大件家具通过使用栽榫，拆装成几个单体进行搬运。

（2）多功能。为实现增加的功能而产生的拆装结构，如使用走马销的单体健身器具，拼合后可作为凳子供休息使用。此外，较为典型的如《明清制造》中所收录的明代铁梨木联三翘头大橱，橱盖可卸载，有暗仓，仓里尽髹朱漆，四条腿柱也为半空。[①]

① 马书：《明清制造》，中国建筑工业出版社，2007，第272-273页。

（3）收纳。传统器物中有成套的观念，一种器物常做几种尺寸，通过套叠进行收纳。如前所述的匣儿即通过套叠，实现收纳功能；还有如《盛清家具形制流变研究》中提及的乾隆时期“铁梨木小折脚桌一张”与“紫檀书桌面一张，桌腿四条”则通过拆卸进行收纳，即宫中所称的“活腿桌”。[①]

（4）补长。为增加木料的使用率，在板材宽度不足时，通过榫卯接合来达到所需构件尺寸。这样一方面可以节省木材的使用，另一方面通过嵌榫的使用，可以牵制板面过大而产生的开裂。

（5）修复。为日后修理方便，即使家具制作成整体结构，在鱼鳔胶退去后也都可以进行拆解而在榫头部位不会产生破坏。

（二）传统家具的折叠结构

折叠是很多日用品设计的一个基本原则，折叠方式分为挤压、压折、波纹、组装、合页、卷折、收缩、套叠、X型折叠等结构类型。

折叠是部件之间通过折动结构实现规律性的动作，目的是为制作节省空间的功能性产品，因此需要折叠对象在展开后有一定的空间（比如帐篷），确切地说是体积必须通过一定的方式重新分配，折叠以后尽管看起来占用空间减少，实际上体积并不减少。比如说报纸经过几次折叠会变得越来越小，实际上报纸本身体积未变，而是它的体积被重新分配，使得实际占用的空间减少，以方便携带。再如，如果两个叠椅叠放在一起，它们占的空间较少，但其总体积是不变的。因此，“节省空间”和“减少体积”指的是占用的实际空间的再分配，体积并未发生变化，而是有效地使用空间。

折动结构包括折动点和折动轴，折动轴通过折动点连接在一起。传统家具中的折动结构多为单一的折动点，单一折动结构根据折动轴数量和形式的不同分为两轴、X型结构、多轴等几种结构。[②]单一折动点折动结构的基本方式是长短两轴（或同轴长两轴）沿一折动点，向圆心方向折叠。

1. X型结构。X型结构指构件沿折动点向圆心方向折叠，该结构是胡床和交椅等家具的基本结构，在传统家具中应用较早且使用较为普遍。折动

① 吴美凤：《盛清家具形制流变研究》，紫禁城出版社，2007，第281页。

② 张欣琦：《论家具动态设计之折叠结构类型》，《家具与室内装饰》2007年第9期。

轴的折叠运动除了能够节省使用空间之外，还可以增强家具的灵活性，如宋画中常出现的竖向靠背交椅，就是作为郊游等活动所使用的户外家具。

2. 合页结构。金属合页的折动轴一般沿预设的方向旋转一定的角度，并能停留在预定的位置上。如常见的梯椅，其基本功能为一把椅子，折叠后可作为梯子使用，折动轴之间的交点并非固定的折动点，而是起辅助作用的滑动点。梯椅因其功能较为实用，在西方也有相对应的多种形式。

3. 组装式折叠。与X型胡床相似但原理不同，鲁班枕由两块木板制成，木板之间通过卡槽形成折叠结构，支起为枕，放平为两块木板；案在不使用时可分解成台面和折叠侧面框架以节省所占空间，使用时翻出支撑腿，上面盖上台面。此外，还有一种常用到组装式折叠的例子是镜子的连接机构，在镜子的翻转中需要用到折叠和拆装结构的配合。边框一边钻圆孔，一边开滑槽，镜子沿滑槽装入后，进行翻转，圆孔起到定位和固定的作用。

4. 多个折动轴。有时沿单一折动点折叠的方式不能满足实际的需要，如脸盆架，可以通过多个轴的翻转达到延展桌面的作用。

5. 定位。作为改变家具使用灵活性的折动机构，有一些家具折叠的时候需要有定位的功能。如调节倾斜度、高度或长度的机构，需要增加定位的机构，以方便使用者选择合适的倾斜度、高度或长度。

第三节　传统家具的用材

木材是木作的材料基础，人们对木材的利用历史悠久，如《周易》中所述，“神农氏作，斫木为耜，揉木为耒”。在木作行业中有用的木材称为“文木”，无用的木材称为“散木”。古代对木材的使用是建立在“有用”和“无用”的哲学基础上的，如《庄子·人间世》中，庄子即借着对于“文木”和“散木”的讨论，提出“有用之用与无用之用”的哲学命题。

一、木材使用原则

在长期的实践中，我国的传统木作在材料的选择和使用上形成了“量材为用”“因材施艺”“追求自然”的原则。

（一）量材为用

木材与其树种的性质具有强烈的相关性，因树种的不同，所制木材的性质也有很大的不同。不同的木材其花纹不同，在力学性质上，强度、变形程度等亦不相同。我国古代的木工很早就认识到需要根据不同的器物选择不同的木材，如《周礼·冬官考工记》记载，“轮人为轮，斩三材必以其时。三材既具，巧者和之。毂也者，以为利转业；辐也者，以为直指也；牙也者，以为固抱也”，清代戴震注曰“材在阳，则中冬斩之。在阴，则中夏斩之。今世毂用杂榆，辐以檀，牙以橿也”，说明“轮人”已经认识到根据木材生长的环境，确定不同的砍伐时间。为了使车轮坚固耐用，应根据不同的部位选用不同的材料。根据各种木材不同的特性，人们认识到用杂榆木做毂比较合适，做车轮的辐条则应用檀木，而橿木最适于制作车牙。再如古琴制作选材有“桐天梓地”之说，因泡桐性软，久置则树脂挥发、质地变轻、细胞间空隙增大，共鸣效果好，用来做面子最好。沈括进一步提出选择桐木的要领，“琴虽用桐，然须多年木性都尽，声始发越”，“择紧实而纹理条条如丝线细密，条达不邪曲者，此十分良材，亦以掐之不入者为奇”。对于梓木为底，赵希鹄认为，“择面不择底，纵然法制之，琴亦不清，盖面以取声，底以匮声，底木不坚，声必散逸。法当取五、七百年旧梓木。锯开以指甲掐之，坚不可入者方是”[①]。其次，对木工来说，做到大材不小用，不因乱用而造成浪费也是一项必须具备的技能。据宋代周密在《齐东野语》中记载：“梓人抡材，往往截长为短，断大为小，略无顾惜之意，心每恶之。因观《建隆遗事》载太祖时，以寝殿梁损，须大木换易。三司奏闻，恐他木不堪，乞以模枋一条截用。上批曰：‘截你爷头，截你娘头，别寻进来。’于是止。”[②]可见

① 赵希鹄：《洞天清录》，浙江人民美术出版社，2016，第8页。

② 周密：《齐东野语》卷一，中华书局，1983，第13页。

当时浪费木料为宋太祖所痛恨。至嘉祐年间，“以大截小，长截短”，甚至将以“违制”论处。再次，在充分掌握当地材料性能的基础上，各地区形成了蕴含吉祥寓意的有关材料使用的俗语、规范，如北方大木行业中常说的“枣脊榆梁杏木门”，是说枣木性硬而不折，适合做房脊；榆木抗弯性强，用来做梁，同时，“榆梁”的谐音“余粮”，有“年年有余”的寓意；杏木做门取“幸门”之意。

（二）因材施艺

木材是由树木生长而构成的生物材料，《周礼·冬官考工记》的总叙中说，“审曲面势，以饬五材，以辨明器，谓之百工”，所强调的是工匠要熟悉材料的特性，因材施艺。人们很早就认识到了木材的特点，如《吕氏春秋·别类》中所言，“木尚生，加涂其上，必将挠。以生为室，今虽善，后将必败”，并以此警示后人尊重客观规律，根据材料选择不同的施工工艺。再如“白蜡木杆子，桐木薄板子”，是说因木材的不同性能，将其加工成最适合的构件；“房卯软三分，车卯硬三分”，是说木材使用到不同的部位，榫卯的公差配合有所不同；“有个弯木头，没个弯匠人”，是说弯木可以充分利用，比如用在弧形部件上，比使用直材锯切省材料，且纹理更美观，强度更高。此外，在传统木作中，还存在着大量的根据材料性能而专门设计的结构，比如木材端头的封闭处理、攒边打框装板结构等。北齐刘昼《新论·因显》记载了工匠通过对樟木根的加工处理，化腐朽为神奇的事例：“夫樟木盘根钩枝，瘿节蠹皮，轮箘拥肿，则众眼不顾。匠者采焉，制为殿堂，涂以丹漆，画为黼藻，则百辟卿士，莫不顾眄仰视。木性犹是也。而昔贱今贵者，良工为之容也。”尽管文章意图是突出“举才”的重要性，但从侧面说明工匠在面对材料时能够审时度势，就材加工，将平凡无奇的材料转化为艺术品。

（三）追求自然

木材以年轮为主体的花纹，在不同切面能得到风格各异的花纹，如在横切面上呈同心圆状，在径切面表现为平行的线条，在弦切面上则呈抛物线状或倒“V”字形。传统木作中遵循“质有余者不受饰也，至质至美”的艺术传统，木材的天然纹理即为“质”，成为一种装饰。《西京杂记》中有一篇中山王刘胜所作《文木赋》，体现了文人对木材纹理的赞美："既剥既刊，见其文章。或如龙盘虎踞，复似鸾集凤翔。青緺紫绶，环璧珪璋。重山累嶂，连波迭浪。奔电屯云，薄雾浓雰。麚宗骥旅，鸡族雉群。蠋绣鸯锦，莲藻芰文。"文震亨在所编《长物志》中认为天然几，应该"以文木如花梨、铁梨、香楠等木" 为之。在用料上，他将"花梨木、铁梨木、香楠木"等称之为"文木"，这里的"文"即是指纹理。明代文人欣赏黄花梨家具，也是因该木材"其文有鬼面者可爱，以多如狸斑，又名花榈。老者文拳曲，嫩者文直"[①]，自然的纹理迎合了文人对诗意、自然生活的追求。

二、传统家具的榫卯结构与木材性能

传统家具制作的主要用料是木材，传统家具结构的形成与木材的性能有密切的关系。首先，木材是一种强重比较高的各向异性材料，构件强度与截面几何形状、承受荷载部位木材的纹理方向密切相关。除了受力部位木材的缺陷、生物损害等，木材结构系统失败的最常见原因是结构设计方面的缺陷，如结构的几何形状，构件尺寸，构件的连接方式、支撑方式等；其次，木材是一种多孔性的生物材料，木材中的水分为达到动态平衡状态不断地进行着吸湿或解吸的过程，木材含水率的变化在一定范围内影响构件的尺寸稳定性。因此，传统家具在结构和构件形状上都采用了积极有效的方法，如采用开放式结构，以线性构件为主、端头封闭和镶板时槽内预留空间等。[②]

（一）木材性能与传统家具构件基本破坏模式

木构件在外力的作用下产生变形甚至破坏，因不同应力的作用方式，构件的表现也不同。构件的基本变形形式有：轴向压缩或轴向拉伸、剪切、弯曲和扭转。木构件受拉和受剪都是脆性破坏，强度受木节、斜纹及裂缝等天然缺陷的影响很大，但在受压和受弯时具有一定的塑性。从更广泛的意义上讲，构件的破坏是因为连接表面的减少及应力偏移后集中在较小的区域。构件的错误设计，意味着接点榫肩或截面尺寸不合适，或者接触面缺少共面

---

① 屈大均：《广东新语·木语》，中华书局，1997，第657页。

② 许柏鸣：《明式家具的设计透析与拓展》，博士学位论文，南京林业大学，2000，第55–61页。

性，导致偏移的应力在较小的区域引起劈裂。

大多数传统家具的损坏部位发生在构件的榫卯接合处，例如接头处发生破坏或松动、脱落的现象。除去木材的天然缺陷，温度和湿度的波动引起构件的膨胀和收缩、木材的纹理与受力方向不同、错误的结构设计是常见的导致传统家具破坏的原因。总体来说，传统家具的性能并非取决于单独的部件，在使用过程中常见的破坏主要出现在接点位置。[①]

1．压缩与拉伸

根据压力对木材纹理的作用方向可分为顺压和横压。长轴压缩应力主要发生在纵向压缩应力柱，在构件的一端荷载时，基础或靠近的区域会变形，木材产生纵向裂缝。传统家具结构中榫头部分穿过榫眼后，如果还需要钉入砦，榫头受压后内部可能会产生楔形劈裂现象。这种破坏在短期内因为砦的挤压，不会产生较大影响。待砦松动后，容易造成榫卯结构失效。木材的横向压缩强度要比纵向弱得多，在承受较大荷载时会产生永久变形。如案的托泥大都用料较厚，并在不承重的中间部分做透空处理，就是为了防止横向压缩产生的破坏，另外也能减轻视觉上因托泥厚度增加而产生的沉闷感。

木材的抗压强度较大，压力作用于长柱（即长度远大于直径的杆件），称之为纵向压缩。杆件在施加一定量的荷载后产生挠曲，一旦发生挠曲后即使非常轻微地增加压力，也会导致较大的变形，从而在中间部分形成杠杆作用，对构件产生破坏。此时破坏由弯曲产生，而非压碎或劈裂。这种侧曲现象可以通过在柱子中间部分加粗来解决，传统家具中椅子收分的做法即是使腿的中间部分截面保持一定的厚度，防止侧曲情况下产生的杆件弯曲，同时在视觉上形成稳定感。

根据拉力对木材纹理的作用方向，木材受拉可分为顺拉和横拉。木材横拉强度比顺拉强度要小很多，一般只为后者的1/10到1/40，因此木材不做横拉构件。横拉根据拉力与年轮的平行或垂直关系又可分为弦向或径向横拉，木射线能增加径向横拉强度。

① 胡传双等：《非胶合条件下松木直角榫卯接合的抗拉力》，《木材工业》2007年第21期。

2. 剪切

外力作用线垂直于构件轴线时形成剪切。剪切可分为顺纹理剪切和垂直纹理剪切，剪切应力一般作用在构件端部，木材垂直纹理剪切强度约为顺纹理剪切强度的3～4倍，因此构件很少垂直剪断，通常破坏沿顺纹理方向剪裂。传统家具中榫眼部分的开裂即是由顺纹理的剪切引起，因而开凿榫眼的部件沿纹理方向应该足够长且尽可能平行于长轴方向，以防止构件整体的裂开。

3. 弯曲

大部分构件的破坏由弯矩引起，构件如果存在节疤或其他的缺陷（虫蛀、霉变、错误的加工等），构件下沿在拉应力的作用下缺陷部位会产生破坏。如果构件下沿没有节疤等缺陷，当荷载大于抗压强度而低于拉力强度时，构件长轴上部的压缩区域受到破坏，随着拉力的增加，构件下沿因为拉力产生裂缝。破坏线的特征是沿构件的下沿，但并不一定沿直边破坏，因为其破坏形式受到诸多因素比如构件形状、荷载模式、加工精度、纹理走向或木材因腐烂、干缩引起的开裂变形等影响。传统家具的破坏大部分因弯矩产生的蠕变引起，尤其是跨度较大的案、桌类家具。构件承受荷载发生弹性变形，如果荷载持续，附加变形会产生破坏，称为蠕变。蠕变在很小的应力下就能发生，并能持续数年，在持续的应力下最终发生破坏。温度和湿度变化会引起蠕变发生，蠕变产生的附加变形与开始的瞬间弹性变形几乎相等。严重的蠕变是功能单元失效的主要原因，因为变形会在接点产生其他未预料到的应力，从而改变功能单元和系统的几何形状，最终产生应力的偏离和变异。

4. 拔出

榫卯结构有一定的抗压、抗剪、抗弯能力，但基本没有抗拔强度。这种依靠摩擦力的结合使直榫抵抗水平拔出荷载能力较差，尤其是长期抵抗构件受外力后产生的振动容易造成榫头易于拔出。常见的是椅子、桌案结构中枨与腿的连接部位榫头容易拔出，牙头、牙子等装饰性部件也容易脱落。在王世襄先生的《明式家具研究》第六病中提到，“用木条攒框的办法造成透空的牙条和牙头，它无法和四足嵌夹，而只靠几个栽榫来连接，其坚实程度无法和夹头榫或插肩榫相比。这是抛弃千锤百炼的好传统，不顾违反结构原理，去使用一种在外貌上似是而非的悖谬造法”[①]。

为了克服榫头拔出的缺陷，一方面在搭脑等部位尽可能使用竖向榫接合，避免使用横向的直榫接合，比如南官帽椅上使用挖烟袋锅的结构将横榫接合转化为竖榫接合。另一方面在必须使用横向直榫结构的部位，采用榫卯过盈配合的方式。此时榫卯接触面在法向应力作用下，两表面的粗糙峰相互啮合并产生弹塑性变形，形成一定的机械互锁作用。[②]在长期作用下，榫头与榫眼接触部位发生蠕变和变形，接触表面积减少，接触表面压力、摩擦系数均降低，导致拉应力降低，从而使榫头产生松动。在民间家具的制作中常采用破头砦的方式减缓榫头松动的问题：在榫头上切出豁口，将楔钉插入后，榫头受到挤压形成燕尾榫形状，榫头与榫眼形成过盈配合，从而使榫头不易拔出。

（二）木材纹理与传统家具结构

木材树种不同，性能差别较大。即使是同种木材，其密度、纹理也存在差异，尤其环孔材硬木及非均匀纹理针叶材的节疤等缺陷也会产生纹理方向的变异。结构的不规则性，比如波状纹理或者交错纹理，会产生特殊的加工问题。此外，含水率也会影响木材的强度和加工性，比如干燥时产生的应力及开裂等问题。

1．纹理与湿胀干缩

木工行里常说：“干千年，湿千年，干干湿湿两三年。”伴随着木材的湿胀干缩而产生的构件尺寸变化是传统家具在视觉和结构上出现问题的主要原因。木材的含水率随天气的变化或季节的轮换发生变化：空气潮湿时，木材吸收水分并产生膨胀；空气干燥时，木材损失水分并产生开裂。通过表面涂饰和处理方法会减缓这个过程，但是总体来说，湿胀干缩并不能停止。因此，现代的干燥技术并不能阻止木材吸收水分，即使将木材含水率降低到6%，在自然环境中也会最终重新回到当地环境的含水率水平。含水率的微小变化足以引起木材的干缩和湿胀，因此传统家具中面板的开缝、拱起和框

① 王世襄编著《明式家具研究》，三联书店（香港）有限公司，1989，第200页。

② 王松年等：《摩擦学原理及应用》，中国铁道出版社，1990，第75–85页。

架开角几乎无法避免。为抵挡面板宽度方向的变形，面板框架接合的榫头应该设计在大边（长边）上，这样虽不免有开缝、开角出现，但结构上仍然牢固。有些错误的做法是将榫头开在抹头（短边）上，面板变形后，框架失去了抵挡的作用，造成完全破坏。如果说面板的变形对传统家具的影响仅在视觉上，那么框架构件的变形则会使榫卯松动，影响接合的强度。为保持结构上的稳定，传统家具框架一般采用线性构件，其横纹尺寸大多小于40毫米，这样变形就能控制在0.5毫米以内。

径向和弦向的收缩不同导致木材在端部容易产生开裂。木材干燥时，在周长方向的收缩超过相对应的径向收缩能承受的范围，由此导致沿木射线方向产生裂缝。这种在径向和弦向收缩系数的不同解释了木材不同部位变形的不同，因而在选料时应该确定部件的纹理方向。

2. 纹理与强度

木材是一种自然聚合物，通过木质素胶黏剂将束状平行的纤维集中在一起。这些长纤维链使得木材具有一定的强度，尤其沿纹理方向提抗压力及分散载荷的能力较强。纤维比木质素强度大，容易沿着纹理方向劈裂，而不容易沿垂直于纹理的方向劈裂。因此，纹理反映了木材的结构，通过纹理可以辨别木材的强度和最弱的部位。纹理也决定了锯切方法，部件切削时要保证纹理沿板面的长度方向的连贯性。这对于接合部位同样适用，在加工榫头时，木材纹理方向需要沿榫头及木板的长度方向，以保证纹理是连续的。

木材强度与正交轴向相关。假设纹理平行或虚拟平行于部件的长轴，具有这种理想化的纹理走向称为直纹理。直纹理部件相比不均匀纹理或有节疤等其他缺陷的部件强度高，承受较大荷载的部件，如书架搁板需要用直纹理。与长轴方向偏离的纹理会对力学性能产生影响，理论上说载荷所产生的应力平行于部件的长轴时，与木材纹理方向相吻合，木材平行纹理方向的拉力或压力强度较大。在出现斜行纹理的情况下，垂直于纹理方向的各种力学性能较弱，抗压强度受影响最小。斜度在1：10之下时，几乎没有影响；斜度在1：5时，只有7%的强度损失。弯曲与抗拉强度受影响较大，破坏荷载在斜度为1∶10时，减少20%；在斜度为1∶5时，减少45%。[①]如果材料纹理选择不当，容易产生顺纹理方向的剪切。因此，木材受顺纹拉力时，若存在斜纹理，必须把低值的横拉强度作为重要因子来考虑，在构件设计中应尽可能避免横纹拉力。此外，阔叶材在径向拉伸时，应力集中在早材，故横拉强度常径向小于弦向，在选料时需要考虑限定纹理的走向。

3. 纹理与端部处理

接点有不同的含义，在广泛意义上指两个部件或材料之间的连接。因为木材的各向异性，接合部位与应力相关的木材纹理方向是传统家具结构中考虑的重点。根据接合部位及纹理的不同，连接可分为端部对面部、面部对面部及端部对端部三种方式。

传统家具中水平框架的接合以及水平构件与垂直构件的连接采用端部纹理对面部纹理的方式，如座面、桌面等大边与抹头的连接，腿与托泥、腿与桌面的连接。当相配合的纹理方向平行或者纹理方向垂直搭接时，连接方式为面部纹理对面部纹理。面部对面部的平行接合常用在拼板结构中，如平口胶合、龙凤榫企口、银锭榫等接合方式，在拼合时应注意选择拼板的纹理方向。面部对面部的垂直接合用于板件与板件的接合（除十字枨搭接外），有揣揣榫、合掌榫等。垂直相交的边部对边部及端部对边部的接点中，顺纹理与垂直纹理（尤其是弦向纹理与径向纹理）的连接比接点自身受到的应力更加重要，应该关注因收缩系数不同产生破坏的潜在风险。比如搭接式接合，两条各留一片，另一背面以齐肩合掌相交，在胶合后一段时期内非常牢固，但因为连接的表面纹理交叉，可能会产生损坏，比如壶门水平与垂直构件的连接中常用到的合掌结构，经长期使用后构件容易脱落。构件松动后，有时会用熟铁打成的扁平的前后两脚钉加固。传统家具结构中最难处理的是端部与端部连接的问题，这种连接常用在构件的拼长上。当连接的两面都是边纹理的时候，适当的胶合连接强度能和木材本身相当，但在端面胶合连接是无效的，解决方法是在端部纹理的部件制作互相啮合的机构或者增加一个木片

① Hankinson, R., "Investigation of crushing strength of spruce at varying angles of grain," *Air Force Information Circular* 4（1921）：259–262.

穿过接点。如圈椅弧形弯材的接合，两个弧形部件之间有互相啮合的凹凸造型，并辅以楔钉榫穿过接点。

木材纵向结构发达，如阔叶材的导管、针叶材的管胞等，吸湿与解吸主要通过端面进行。因此，端面形式的考量与转化是传统家具结构设计的主要问题，不同的构件及榫卯连接方式端部处理方法不同。

（1）封闭。如前所述，构件端面最容易产生吸湿和解吸，将端头尽可能封闭起来，能有效缓解家具的变形。传统家具结构的特点是隐藏榫卯，大量采用暗榫，比如用于连接垂直板件的燕尾闷榫，连接扶手与鹅脖或搭脑与后腿的挖烟袋锅结构。再如传统家具中足部着地部分容易受损，不常拖动的家具腿部下端使用托泥，防止腿部溃烂。

（2）转化。通过榫卯之间的互相啮合，将端部纹理表面的接合转化成顺纹理方向表面的接合。比如插肩榫结构，牙条里面开槽挂销，将端部对端部的接合转化成面对面的接合；圈椅的月牙扶手的接合，通过连接两端各出榫头，形成面与面的连接，钉入楔入榫固定。在传统家具中较难处理的端面必须暴露时，通常通过截面的变化尽可能缩小暴露的构件横截面，因此几乎看不到较大的端面裸露在外。构件截面一般可分为两大类：管状类截面（官帽椅四出头）及非管状类截面（翘头案）。前者构件之间的连接需要缩小截面，截面的转化不仅带来连接的便利，也使得节点设计的灵活性得以体现，在传导力的同时，利用雕塑似的造型设计将力的流动视觉化、艺术化。

（3）整合。立足于减少构件种类及数量，简化连接方式，强调结构形式的整体性，如裹腿、粽角榫、抱肩榫等。应用整合方法的前提是节点至少有两个方向受力方式相同，且结构构件截面形状类似、尺度近似。受力方式相同保证了选择相似截面的科学性，截面形式相似、尺度近似则保证了视觉上的整体性。为了达到整合的效果，整个结构的所有表面完全由相交成90°的三个构件组成，截面形状、尺度大小完全一致，这也成就了粽角榫内敛、理性的气质。

第四节　传统家具的雕刻工艺

王世襄先生认为：“雕刻在装饰手法中占据着首要地位，因为家具上绝大多数的纹样都是靠雕刻造出来的，就是攒斗、镶嵌也大都需要施加雕刻才能完成。它的表现力很强，变化甚多，技法上也以它最为复杂。”①从工匠身份来看，《清代匠作则例》将有关小木作的活计统称为“装修作”，按工种细分，木雕艺人称为雕銮匠、菱花匠。近代以来，雕刻匠人一般被称为木工，如《民国曲阜县志》中记载了当地善刻楷木如意、寿杖的多名工匠，原因是“至于木工之精者，亦伎也，因附录之”。另据《东阳市志》记载，“手艺工匠以泥水、木匠、篾匠最多……泥水会堆塑、绘壁画，木匠会雕刻，篾匠会竹编，裁缝会绣花。后来木雕、竹编、绣花等分离为独立的行业”②。考虑到经济性，基础、简单的木雕工艺可由木工完成，专门的雕刻工匠要有进一步的发展，就不能只专攻木雕，还要兼及其他名贵材料的雕刻，因此竹、木、牙雕刻工匠，也可以雕刻犀角、象牙、香料、紫檀图匣、香盒、扇坠、簪纽之类的器物。

一、传统家具雕刻的类型与工艺

传统家具的装饰可分为工艺线脚与图案题材两个部分，王世襄在《明式家具研究》中将明及前清家具的雕刻技法分为阴刻、浮雕、透雕、浮雕与透雕结合、圆雕等五种。③雕刻在工序上要求图案清楚完整，层次上需要清晰明确，铲底部分要求平滑整齐、没有刻痕，圆角要求对称统一、和谐柔顺、光洁顺滑，线型要求匀称、平直、顺滑。制作期间要先把绘制完成的图案贴

① 王世襄编著《明式家具研究》，三联书店（香港）有限公司，1989，第127页。
② 东阳市地方志编纂委员会编纂《东阳市志》，汉语大词典出版社，1993，第162页。
③ 王世襄编著《明式家具研究》，三联书店（香港）有限公司，1989，第127页。

于部件表面，之后再进行起底，雕刻的时候需要对镂空活或是起地活加以区分。一般情况下镂空是单面活，不过有时也会要求是双面活甚至三面活，大体上就约等于半立雕的形式。

阴刻亦可称为凹雕、平雕，其表现图案的形式是通过巧妙运用深浅、粗细不同的线条，使所雕的图案与文字较之平面更低，往往被运用在橱柜、箱匣、牌匾、屏风等家具上嵌板雕刻。阴刻中装饰性较强的是一种线雕的形式，参照中国画中的散点透视、写意等传统绘画技巧，雕镂以多种线条来进行装饰。

对比阴刻形式，浮雕又称为阳雕或凸雕，依照图案凸出于底部的程度可以划分为深浮雕和浅浮雕。深浮雕往往用于建筑构件，而浅浮雕则在家具的装饰雕刻中更为多见，也可灵活运用这两种形式以表现图案的高低层次。雕刻前首先于平板上将需要的图案绘出，然后沿着轮廓线使用平刀将其切割为适宜的深度，之后操作圆刀通过斜切修理轮廓线周边的外部及底部，凸出所描绘的图案，最后需要图案的部分分别雕刻出不同的层次。浮雕可以依照图案雕刻的疏密聚散分为露地与不露地，露地浮雕又称“铲地浮雕”或“半踩地”，有“平地”与“锦地”两种不同做法。目前多见的“丝翎檀雕”工艺能够通过运用极其纤细精巧的三角刀，雕出头发丝精度的线条，图案较密，即属于不露地浮雕。

透雕是将图案以外的地子部分挖透锼空，其基本特点是具有两面表现能力，平面装饰性强、层次丰富。较之浮雕，透雕手法在烘托主题图案上表现得更优秀，它能够令图案映现出半立体之感，也正因此其装饰效果极佳。透雕可以分为“一面做”“两面做”以及“整挖”。“一面做”又称“单面工”，即仅在图案的一侧雕制，适合靠墙陈设的家具，如桌案的牙条部位；“两面做”也可称为“双面工”，是将图案的两面同时施雕，如床围子、座屏风的绦环板及衣架。

浮雕与透雕结合的雕刻技法是在厚板材透雕图案的基础上将画面多层次地镂通，相互之间穿插，达到重叠的效果，这种雕刻技法也被工匠形象地称为“穿枝过梗”[1]。《中国古代建筑技术史》中对透雕的描述为：清代透雕更有所改进，它打破了历史上所惯用的花样等第，更向富有自然生气的花纹图样发展……根据花样层次分层雕刻，形式上虽然是单面的采地雕，但采取透雕的方法，因此产生透雕与采地雕两者相结合的新形式。这样丰富了原有采地雕的工艺技术，取得了采地雕上的透雕效果。

圆雕，亦可称为全雕、立体雕，可在不同的侧面同时进行，内容多取自花果、祥兽或历史故事等，常用在炕桌的腿足、面盆架腿足上端柱头、衣架的端头等家具局部部位，刻成龙头或凤头，以及桌腿的仿竹节造型、卡子花等。雕刻时首先在适当木块的正面和侧面绘制大致轮廓，然后先对大形粗雕，再局部细雕，最后进行细节的深入雕刻。

二、传统家具雕刻的刀具

不同类型的雕刻刀可以按照实际使用的刀面即刀头的不同划分为平刀、斜刀、圆刀、刳刀、反曲刀、三角刀等。在雕刻中要求留意并把握不同厚度在用途上对刀头产生的不同影响。修光时会选用更薄的刀片，也就是常说的“薄刀密片”，刀头越薄刀越锐利，由此才可以刻制出光洁的表面；而起凿制功能的刀头则需稍厚，方能够经受千锤万凿。

平刀平顺笔直的刃口使其在铲平修刻木料表面时光洁没有刻痕。其锐角能够雕琢绘制线条，二刀交触时亦可削除刀脚或绘刻图案。

斜刀约为45°斜角的刀口主要用于边缘夹角跟镂空狭缝处的精雕细琢，例如雕饰人物的眼角部位。有的时候也运用斜刀来刻画毛发丝缕，用扼与拧的方法操作斜刀，毛发的刻画效果相较三角刀刻得更为鲜活灵动。

圆刀往往用于雕饰中式传统花木图案比如花瓣、花叶以及花枝干的圆面。圆刀对各种升降起落变化的适应能力强，于水平方向上可以更为轻松地用刀。圆刀有反面与正面的区分，正口圆刀在槽内位置的正口斜面、挺直的刀背，可以让其更深地吃木，这些特点使得它最适宜制作圆雕，特别是在掘坯和出坯环

① 王世襄编著《明式家具研究》，三联书店（香港）有限公司，1989，第129页。

节。反口圆刀在刀背上的斜面，可以让其平稳顺滑地剔地以及走刀，因此更多地用于浮雕之中。做圆雕人物的刀口需要被打磨成圆弧状，以便雕衣纹以及其他凹痕时，不会破损两侧的凹痕道。在制作浮雕时，需要留有刀口两尖，利用其角尖的功能去雕刻地子角落部分。

“玉婉刀”是介于圆刀和平刀之间的修光用刀，其刃口表现为圆弧状，可以划分为圆弧与斜弧两类，也就是通常说的“和尚头”与“蝴蝶凿”。其特征是更加平缓柔和，不像平刀一般板正，亦不似圆刀的深凹，更适用于在起伏的凹面上操作。

三角刀的刃口呈现为三角形，大多用于毛发与线纹的雕饰装饰。制作三角刀时通过铣出55° 到60° 的三角状槽，磨平两腰，口端磨成刃口，令中角成为其锋利集点，左右两边为锋面。刻出的线条随着角度的变大与变小而调整得更粗犷与纤细。随着在木板上移动三角刀尖，木屑从三角槽内剔出的同时将线条表现出来。

中钢刀也叫“印刀”，其刃口平滑顺直，两侧均有斜度，用于修饰人物服饰和道具方面的纹样。中钢刀的特点是锋口位居正中，运用其打坯可以保证周围部分平稳不震动，保持打坯时锋的走向板正顺直。

第三章　圣匠之作：传统木作的行业文化 ≫

涂尔干（也译作迪尔凯姆）把社会事实当作“物”来考察，他将社会事实分为两种类型，即物质形态的社会事实（包括社会、政党、教会、组织等）和非物质形态的社会事实（包括道德、集体表象、价值规范、社会潮流）。[①]爱德华·希尔斯在《论传统》中，进一步认为“物质器物是一个双重传统。它既是一个物质基础的传统，又是一个概念和信仰的传统，以及融化在物体中的工艺、技术和技能之理念的传统”[②]。传统木作文化，即体现了双重传统性，它既包括工艺知识、审美观、材料观等能为民众感受到的显性内容，也包括与木作相关的制度、信仰和价值观念、行为方式、社会功能等隐性知识，如图3–1所示。具有物质基础的中国的造物传统，如“天有时，地有气，材有美，工有巧，合此四者，然后可以为良”，已涵盖了传

① E.迪尔凯姆：《社会学方法的准则》，狄玉明译，商务印书馆，1995，第35页。

② 爱德华·希尔斯：《论传统》，傅铿、吕乐译，上海人民出版社，2009，第85页。

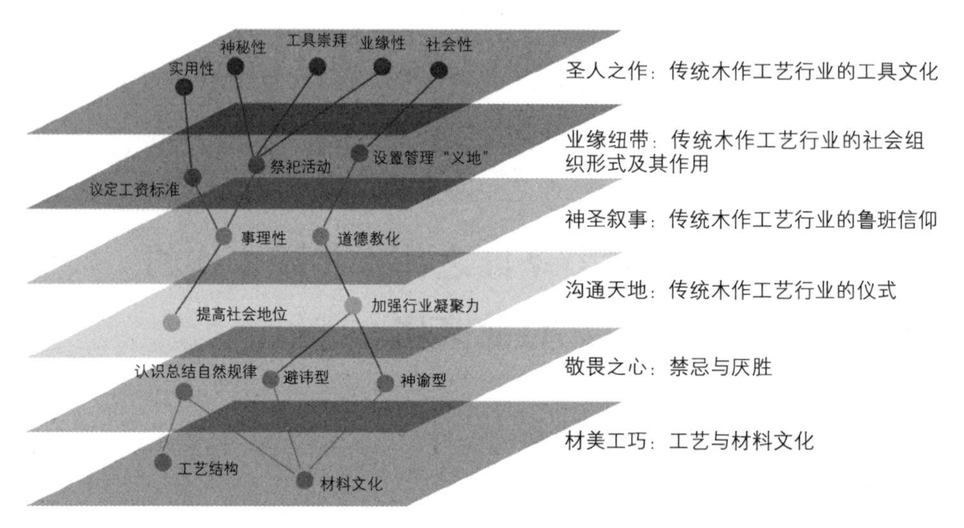

图3-1 传统木作文化的丰富性

统木作的造物观念。之所以强调隐性的内容，是因为这些内容通过传说或事例宣扬道德价值，证实现存秩序的合理性，在建构社会关系的过程中，对所谓“匠心”的形成或塑造社会伦理具有一定的作用。当然，这些隐性的知识并不是在社会真空中发展的，传统在新的环境中不断发展和变迁，其中具有稳定性的部分存在于现存的物质实体中，也存在于手艺人的记忆中。木作产品的生产在本质上是经济生产，木作的发展无非是为经济活动所支配。作为一种社会劳动，专业木作工匠的生产活动具有超越家庭使用的物品的特征，在生产和分配之间与利益相关者建立起互补、合作、依赖和控制等多方面关系。针对行业外部，非常明显的或有助于提升群体地位的活动，更有可能为工匠所采纳，尤其是通过这些举措能够使个体感知到自我形象的增强时。很显然，木作工匠个体对于保持积极的自我形象有一种强烈的欲望。如前所述，在木作行业内不断积极寻求职业强化的做法明确表明了身份和地位之间的联系，并且通过这种做法转换工匠们工作的意义，能够形成强有力的职业文化，增强职业认同。如果说作为生活实用器具的生产者，木作工匠和消费者之间的身份没有什么差异；那么具有足够等级和声望的工匠被允许生产内在具有意识形态的或象征价值的商品，或被允许从事可以提高其社会地位的仪式活动，则是一种社会认同的象征。在行业内部，工匠通过共同的鲁班信仰组成社会组织，倡导道德观念，主导市场秩序，平衡社会关系。

如前所述，传统木作文化不仅包括工艺知识、审美观、材料观等显性内容，还包括了与木作相关的制度、信仰和价值观念、行为方式、社会功能等隐性知识。在这里专门提出“隐性知识”的概念，是因其在现代社会实现生态、社会和经济的可持续发展目标中具有“工具性”的作用。只有尊重传统性，随时代的变化对其进行适当的扬弃，才能做到真正的传承；相反，割裂了精神层面的单纯技艺的延续或对传统在艺术形式上的复制，都会流于表面化，同时会产生很多问题。从生态的视角看，这种隐性知识是人与特定环境之间关系的表现。由于受到地方历史、自然资源、传统习俗的影响以及工匠的创造力和技艺的影响，不同地域的产品风格与形式都不相同。从这个定义出发，木作工匠在造物的过程中与自然之间的接近创造了一种特殊的、基于地理位置的知识。这种知识存在于家庭、邻里和当地社会中，通过各种传统和仪式来表达，在世代之间传递，成为人们对于地方、民族身份意识认同的一部分。

第一节　行业信仰与仪式

在世界上的各种宗教里，创世造物是非常重要的内容。与西方宗教中的造物观念不同，中国往往把“物”归为先辈圣贤的创造，并按照创造事项分门别类。具体到某个行业上，则有专门的“行业神”。所谓的“行业神”实际上就是分管着人类生活各领域的“行政神”，它们虽然没有鲜明的个性，但它们的职责却是明确有别的，而这种明确的职责即构成了其神圣尊严的基础。[①]行业信仰是从业工匠的心灵寄托，具有劝世教化、安定人心的社会功能。此外，行

① 张志刚：《宗教文化学导论》，人民出版社，1993，第280页。

业信仰是手工艺人的从业知识中的一个重要组成部分，如彼得·伯克所言:“每一种行业都有自己的文化，即是世代相传的技艺，但是有些行业似乎有自己更广泛和更完整意义上的文化。”[①]

一、鲁班信仰

在传统木工行业中，从业者普遍认为本行业的祖师爷是鲁班。关于鲁班的早期记载主要存在于先秦典籍中，如《礼记·檀弓下》中记载了鲁班使用机封将棺椁放入墓穴中；《墨子·鲁问》中记载，他曾“削竹木以为鹊，成而飞之，三日不下”；《论衡·儒增》记载鲁班发明了能自动行走的木车马为母亲送葬；《列子·新论》中记载了鲁班曾雕刻凤凰；《墨子·公输》载“公输盘为楚造云梯之械，成，将以攻宋……子墨子解带为城，以牒为械，公输盘九设攻城之机变，子墨子九距之，公输盘之攻械尽，子墨子之守圉有余”。在“止楚攻宋”的故事中，以鲁班沉迷于技术而突出墨子“非攻”思想，后人在前人文献记载的基础上进行创造，逐步使鲁班具备了超俗的品格和美德，并有了非凡的法力，充满了神圣色彩。鲁班几乎是我国民间传说中“一位无处不在、无所不能的能工巧匠”[②]。

鲁班被人们赋予了神圣的特质，在道德上具有感召力。由于鲁班只是特定行业的祖师神，民间关于鲁班的传说大多事理性较强，工艺色彩浓厚，易于普通百姓接受。民间传说中一个个鲜活、生动的事例可以对从业者的行为起到道德规范的作用，如“鲁班学艺”的故事就很好地体现了“颂扬师恩”的道理。《鲁班经》中说其师于名匠鲍志，“晦迹几一十三年，偶出而遇鲍老辈，促膝宴谈，竟受业其门。注意雕镂刻画，欲令中华文物焕尔一新”[③]。可见在当时人们对于择名师学艺已经相当重视，“鲁班学艺”的故事告诉人们

① 彼得·伯克:《欧洲近代早期的大众文化》，杨豫、王海良译，上海人民出版社，2005，第44–45页。

② 刘守华:《中国古代民间故事中的科学幻想——鲁班造木鸟故事的古今演变》，《华中师范大学学报》（哲学社会科学版）1997年第3期。

③ 浦士钊校阅《绘图鲁班经》，上海鸿文书局，1938，第1页。

学艺要刻苦努力，经受住各种磨难。再比如“班母”“班妻”等关于辅助性工具的创造的故事，以生动的例子告诉人们要关爱家人。鲁班发明锯子等发明类的传说，则是告诫人们要怀念祖辈的恩赐，饮水思源不忘本。此外，民间还广泛流传着一系列关于鲁班帮助从业者解决困难的传说。它们大多遵循了同样的叙事模式，即工匠遇到解决不了的困难，鲁班化作普通人来帮助。如《中国民间故事集成》中收录一则《鲁班师祖与关帝庙》的故事：“明嘉靖年间北京昌平县修建关帝庙，工匠为了赶工期，误将前殿两根迎门明柱锯短了一尺。众工匠正在一筹莫展的时候，一个老翁出现，指点他们说：‘你们可将长柱前移，短木后置，下垫石鼓。’众人顿开茅塞，正欲拜谢的时候，只见老者脚踏祥云离去，众人乃悟是鲁班师祖前来点化他们。”①虽然这些传说难免限于俗套，但仍反映了工匠的心理寄托，即不论遭遇任何危难，鲁班祖师有如守护神，因而工匠对鲁班更加敬重。据传鲁班的小名叫“双”，木匠说“双”是对鲁班的不敬与轻渎，如此就得不到鲁班的保佑，所以木匠在平常会把“双”称为“对”“副”。

建筑业的从业人员多信奉鲁班为行业祖师，包括木作、石作、瓦作、棚行、扎彩业等，也就是所谓的“五行八作”。在行业内，鲁班崇拜与社会组织相结合，并建有固定的活动场所，形成了鲁班的信仰和祭祀体系。《鲁班经》卷一《鲁班仙师源流》记鲁班受封享祀云：“明朝永乐间，鼎创北京龙圣殿，役使万匠，莫不震悚。赖师降灵指示，方获洛成，爰建庙祀之，扁曰‘鲁班门’，封‘待诏辅国大师北成侯’，春秋二祭，礼用太牢。今之工人凡有祈祷，靡不随叩随应。”②固定的祭祀场所，留下了很多的遗迹，如北京精忠庙、东岳庙都建有鲁班殿，正阳门外建有公输子祠等；精忠庙鲁班殿留存有光绪三年碑刻“后世精心妙手，莫不仰赖先圣之规矩准绳，触类而通”，东岳庙鲁班殿并有“万世规矩”的匾额。

随着商业社会的发展，手工业者的社会地位有所上升，工匠在谈及自

① 中国民间文学集成全国编辑委员会编《中国民间故事集成·北京卷》，中国ISBN中心出版社，1998，第383-384页。

② 午荣编《鲁班经》，李峰注解，海南出版社，2003，第220页。

己行业时，认为“维我匠役，业为途茨，虽属曲艺之末技，实为居家所日需，而叨恩更□也；维我匠役，业为途茨，虽属四艺之末技，实为养家之常道”[①]。他们以业缘为联系形成行会，鲁班庙成为这些行会组织祭拜祖师爷、行业集会的场所。鲁班庙的碑文中记录了行会定期组织的祭祀活动，如精忠庙鲁班殿三年碑记云：“惟我公输先圣，承上古未有之奇，启后人无穷之术，功参造化，运斤而木石皆灵，名重帝廷，假斧而鸾成象，其工可谓巧之至矣。……虔修圣会，愿世世供奉于无穷云。”[②]“圣会”，即祭祀鲁班的神会。通过组织修庙立碑、祭祀等活动塑造和强化行业神权威的行为，实际上也是加强行业群体内部的认同感和凝聚力的过程，并通过对鲁班形象的维护，提高行会及个体从业者的社会地位。在木作行业，鲁班信仰成为同业公会等组织形成的基础，如赵世瑜所言，“共同的信仰与强烈的社团意识成为将这样一个由相关的不同行业组成的社会群体紧密整合起来的重要因素”[③]。如果说，鲁班的民间传说更多承担了对普通民众和个体工匠的道德教化作用，鲁班信仰则为行业的组织和秩序的管理提供了基础。瞿秋白认为：“中国劳动者的组织从前是一种神权的行会式的组织，这当然都是手工业的组织，……这种组织的任务，实际上就是‘同行公会’的任务，是所谓生产者对付消费者的组织。例如木匠的组织，大家公约木匠工作的价钱和条件，一致的对付雇主。同时，这也是业主对付雇工学徒的组织，大家公约木匠收学徒的条件，学徒的年限等等。这些行会的公约，都请一个‘神’来保证，例如木匠的神，便是鲁班（行会的神都是道教的）。”[④]

值得注意的是，至清末，随着国门渐开，民智渐启，人们对封建迷信进行了理性的反思，如1894年《申报》刊登《鲁班愦愦》一文：“前日广东人某甲匍匐至虹口新虹桥鲁班殿求赐药方，及一签跃出筒中，视之，大书洋烟

① 《鲁班殿碑》，见北京图书馆金石组编《北京图书馆藏中国历代石刻拓本汇编》第71册，中州古籍出版社，1990，第17页。

② 李侨：《中国行业神崇拜》，中国华侨出版公司，1990，第84页。

③ 赵世瑜、邓庆平：《鲁班会：清至民国初年北京的祭祀组织与行业组织》，《清史研究》2001年第1期。

④ 瞿秋白：《中国职工运动的问题》，《布尔塞维克》1930年第3卷第2期。

和药煎饮，甲信以为神灵指示，如法饮之，饮毕，卧床未几即呻楚哀号，肠断而毙。”对此事件作者展开了理性的思考：“噫！神方之误人甚矣哉，鸦片为何等毒物，奈何可和煎剂中，鲁班颠愦愦哉，虽然鲁班何尝愦愦，仍信而服之者之伊戚自贻耳，于鲁班乎何责？”[①]受到当时新文化运动思潮的影响，“鲁班”被认为是旧权威阶层的代表，社会上出现了革除“鲁班”名号的声音。1912年出版的《顺天时报》曾对此进行讨论：“近来风化大开而人民程度一跃千丈，推其心理思想多有不可解之处。即如本年广东有主张废除孔祀之议，而京师营造业之木工近拟将鲁班会废除改为木工协进会等情。盖鲁班者为古代之巧工，故凡营造家皆奉为祖师，集聚工资为之建庙塑像，崇其祭祀，俾后世工匠本其巧艺以传习之，乃木工黄世凯欲将该会废除另改名称，故官厅恐别有情弊，致滋纷扰，当已切实调查以凭核办矣。”[②]再如1901年《申报》刊登《得气之先》一文中，“改寺观为学堂本为善策，昔岁明诏甫下江浙等省，即有棍徒向僧尼索诈，湖南复有木匠闻将毁鲁班庙，聚众滋闹之举，旋致因噎废食”[③]。由此可见，围绕“鲁班”的相关活动并非独立的现象而存在，在社会剧烈变迁、各种思潮不断出现的民国时期，从废除孔祀到废除鲁班会名号，从尊为神灵到“鲁班之愦愦”，都深刻地反映了这个时期的历史特征。

二、工具信仰

“知者创物，巧者述之守之，世谓之工。百工之事，皆圣人作也。”[④]古代文献与传说中，常将先民的发明归结为祖先神明或工匠圣贤的创造。这种情况在木作行业中尤其明显，如“倕作规矩准绳，……轩辕作锯凿，般作刨钻、檃括”[⑤]，“《周书》曰神农作斤斧，《古史考》曰孟庄子作锯作

---

① 《鲁班愦愦》，《申报》1894年3月1日。
② 《欲废鲁班》，《顺天时报》1912年5月5日。
③ 《得气之先》，《申报》1901年10月8日。
④ 戴吾三：《考工记图说》，山东书画出版社，2003，第17页。
⑤ 罗颀：《丛书集成初编·物原》，商务印书馆，1937，第30页。

凿”[①]。尽管记载大多比较简略，说法也不统一，但从中可以看出在人类进化和文明的发展史上工具的重要地位。在木作行业，工具更是工匠赖以谋生的器具，如清代下里巴人《莲花闹》中描述云：“锯子锯出千条路，刨子刨得一坦平，斧头就是摇钱树，墨斗就是聚宝盆。”民间还有将二十八宿与工具一一对应的说法，如墨斗对应鬼金羊、斧子对应斗木獬、凿子对应室火猪等。在这里，工具已经超出其本来的实用意义，而被赋予了更多的神性和职能。

（一）工具崇拜现象

《淮南子》云：“巧匠为宫室，为圆必以规，为方必以矩，为平直必以准绳。”[②]规矩、准绳因对尺度标准的划定起着关键的作用，相比其他工具受到更多的重视。人们很早就认为规矩、准绳为圣人所用，如《史记·夏本纪》记载大禹在治水时“左准绳，右规矩，载四时，以开九州，通九道，陂九泽，度九山”。规矩、准绳具有了神圣的特质，对人们的行为产生道德规范的作用，并逐步成为在社会中广泛流传的隐喻的载体。古人有“设规矩、陈绳墨”的说法，实际上也是用木作行业的规范要求来比喻社会准则；及至后来在庙内供奉的鲁班像左右有两个门徒像，分别持曲尺和墨斗。这时的工具成为“神圣事物”[③]，其所蕴含的品性和力量，逐步成为行业信仰的组成部分。

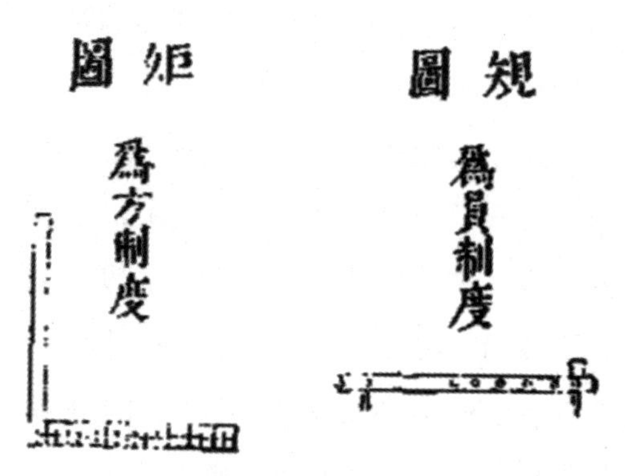

图3-2 《三才图会》中的规图和矩图

① 戴吾三：《考工记图说》，山东书画出版社，2003，第143页。

② 吕不为、刘安等：《吕氏春秋·淮南子》，杨坚点校，岳麓书社，1989，第454页。

③ 涂尔干认为宗教信仰将人类所能想到的所有事物分为两类：神圣事物和世俗事物。其中神圣事物被赋予禁忌性和权威性，又是人们爱和理想的寄托。见爱弥尔·涂尔干：《宗教生活的基本形式》，渠东、汲喆译，上海人民出版社，1999，第42-43页。

1．孳乳于神秘权力的规矩

伴随着社会规范的进程，以“规矩”为母题、比类“法度”的观念逐步深入人心，行业工具的意义有了更为深刻的社会内涵。“规矩”的观念在流行过程中被赋予了神秘主义的解释。黄承吉在《四元玉鉴细草序》中对“矩”和“曲”的关系进行释义：“矩之象方，故曰方出于矩，矩折则曲，故曰句出于矩，矩者，虽方亦曲。《史记索引》以矩为曲尺，正是乚字之象，曲尺所以为方，而中央四方则必有隅，故矩原是曲，然而有中央、有四方，则正矩之象矣。”[1]这段话阐明了“矩”与中央、四方的关系，也解释了“矩”成为沟通天地的象征物的原因所在。既然“矩”可以用来沟通四方，使用“矩”的人，便是能通天通地的巫师。因此，张光直认为，“画方圆之矩尺，为行巫术时的工具和所用的法器”[2]。在甲骨文中，“巫”字作“[illegible]”，“巫为通天的使者，因而也就自然充当了掌管天文的人物……矩尺的矩字则写作‘工’，显然巫是把两把矩尺交合而成的”[3]。从古代其他文献、资料中也能发现“规矩”所具有的神秘性，如《淮南子・天文训》云“句芒，执规而治春……蓐收，执矩而治秋”，在汉代画像石中有分别持规和矩的女娲、伏羲画像（见图3-3）。句芒和蓐收是传说中的主宰农业丰收、秋收冬藏的神灵，伏羲、女娲是传说中的人类始祖，将规矩与神灵结合，可见规矩确实被认为是一种神秘权力的象征。

---

① 黄承吉：《四元玉鉴细草序》，载马小梅主编《国学集要初编十种・梦陔堂文集》，文海出版社，1967，第188页。

② 张光直：《中国青铜时代（二集）》，生活・读书・新知三联书店，1990，第41页。

③ 黄承吉：《四元玉鉴细草序》，载马小梅主编《国学集要初编十种・梦陔堂文集》，文海出版社，1967，第43页。

图3-3 武氏祠左石室后壁小龛西侧伏羲、女娲画像

2. 从神秘走向世俗的墨斗

墨斗由赭绳发展而来，“《商君书》：赭绳束枉木。古之匠人用赭绳，即今之墨斗也”①。赭为赤色，赭绳为古代木匠画线的工具。如果说创立之初的准绳与规矩一样具有原始礼仪巫术活动的色彩，那么从准绳到墨斗的演变，则体现了工具从神秘走向世俗的过程。

首先，墨斗是木工随身携带的工具，墨斗还是木工工具中唯一具有装饰性、能够体现主人个性的工具。木工常花很多心思来制作自己的墨斗，由此造成民间墨斗的形态丰富多样。随着墨斗的构造及功能特点为普通民众所熟知，关于墨斗的作品在叙事的语言上更通俗易懂，在内容上采用了很多具有民间特点的语句，在功能上具有塑造民众道德品格的教化作用。如明代冯梦龙编撰的《山歌》云:“墨斗儿，手段高，能收能放，长便长，短便短，随你商量。来也正，去也正，毫无偏向。本是个直苗苗好性子，休认作黑漆漆歹心肠，你若有一线儿邪曲也，瞒不得他的谎。”②再比如元代李治《敬斋古今黈》卷八云:“我有一张琴，琴弦藏在腹，莫笑墨如鸦，正尽人间曲。”这些作品名为写墨斗，实则托物言志，寓意深刻。

① 杨慎:《艺林伐山 · 赭绳》，商务印书馆，1936，第66页。

② 冯梦龙编《明清民歌时调集》（上），上海古籍出版社，1987，第213页。

其次，墨斗还是一种以“接触律”[①]为原理的可辟邪的器物。在民间传统观念里，工具有“上三件”的说法。尽管各地区关于“上三件”有不同的版本，如“刨、锯、墨斗”或“斧头、墨斗、拐尺”，或“墨斗、角尺、竹尺”等，但不论如何变化，墨斗都处于“上三件”当中，在一定程度上墨斗因代表了祖师爷而具有了法力。《金华地区风俗志·义乌风俗简志》中记述了浙江金华地区的工匠使用工具“辟邪煞”的风俗：“晨昏往返，线袋、墨斗、曲尺，随身携带，俗称有祖师神灵依附，能辟邪煞，夜行无虑鬼怪作祟云云。”此外，关于墨线具有辟邪功能的原因，还有“邪不胜正”的说法。清代俞樾在《右台仙馆笔记》中列举了古代典籍中关于准绳与“正”关系的讨论，“《管子·宙合篇》曰：‘绳扶拨以为正。’东晋古文《尚书》曰：‘木从绳则正。’《淮南子·时则篇》曰：‘绳者，所以绳万物也。’高诱注曰：‘绳，正也’”，并认为，“权衡规矩皆不足辟邪，惟木工、石工之墨线，则鬼魅畏之，其故何也？邪不胜正也”。书中还记载了浙江慈溪地区木匠使用墨线降伏僵尸的事例：“慈溪西门外曾有僵尸，夜出为人害。一夕，有木匠数人登城，隐女墙窥之，果见棺中有僵尸飞出，其行如风。匠人伺其去远，乃至其处，以墨线弹棺四周，复登城观其反。俄而僵尸还，见墨线痕，不敢入，徘徊四顾，如有所寻觅者然。俄见城上有人，踊跃欲上。众匠急以墨线弹女墙，尸遂不能上，相持至天明，仆于地，乃共焚之。”[②]广东潮汕地区的泥、木行业中，也流传着墨线能消除鬼魅作祟的说法：“泥、木匠每到新的工地做工，晚上睡觉时要把自己的鞋子放在床前，一只阴一只阳，以防新地方不清净，有鬼魅作祟。而把自己的鞋子放成一阴一阳，则表示与鬼魅‘言和’了。有时这样做当夜还不清净，就证明邪物‘不服’，泥、木匠要把自己用的墨斗线绕床沿（席边）一周，然后把灰刀、铁钳子放在枕头边，把木尺

---

① 在弗雷泽的《金枝：巫术与宗教之研究》中，将巫术归结为两种类型，即模仿巫术和接触巫术：“如果我们分析巫术赖以建立的思想原则，便会发现它们可以归结为两个方面：第一是‘同类相生’或果必同因；第二是‘物体一经互相接触，在中断实体接触后还会继续远距离的互相作用’。前者可称为‘相似律’，后者可称为‘接触律’或‘触染律’。”见弗雷泽：《金枝：巫术与宗教之研究》，汪培基译，商务印书馆，2017，第26页。

② 俞樾：《右台仙馆笔记》，齐鲁书社，1986，第141–142页。

置于床沿，邪物就不敢来犯了。”[①]

3. 主吉祥祸福的鲁班尺

鲁班尺，最早见于南宋陈元靓的《事林广记》：“鲁班即公输般，楚人也，乃天下之巧士，能做云梯之械。其尺也，以官尺（商尺）一尺二寸为准，均分为八寸，其文曰财、曰病、曰离、曰义、曰官、曰劫、曰害、曰吉；乃北斗中七星与辅星主之。用尺之法，从财字量起，虽一丈十丈皆不论，但于丈尺之内量取吉寸用之；遇吉星则吉，遇凶星则凶。远古及今，公私造作，大小方直，皆本乎是。作门尤宜仔细。又有以官尺一尺一寸而分作长短者，但改吉字作本字，其余并同。”[②]从民国时期的报刊资料中可看出，木器行中广泛使用鲁班尺，如：上海的作场中，“工作时所用之度器，营本国庄者多用鲁班尺计算，营东洋庄者多用英尺计算”[③]；在杭州，棺材制作也使用鲁班尺，“棺之长以鲁班尺自二尺五寸至七尺，阔以一尺八寸至二尺二寸为准”[④]。1904年《东方杂志》刊登《顺天府尹沈奏请设立度量衡并造纸官局摺》请求同律度量衡，“……孟子以朝不信道，工不信度，则其国为幸存。今工部既颁营造之尺，而木工复自守其鲁班尺，衣工自守其裁尺，又有所谓海尺、平尺、京尺不下十余种”[⑤]。1937年开始大量使用新制市尺，如《实业部月刊》所列中国各地旧用度量衡与新制市尺的折合表，提及杭州、南京、南昌等地曾广泛使用鲁班尺。[⑥]

（二）木作工具崇拜的特点

尽管木作工具崇拜因其“神圣性”及“与神圣事物有关的信仰和仪式”具备了涂尔干对于宗教定义[⑦]的构成要素，但其与制度化的宗教形式有较大的

---

① 刘志文：《广东民俗大观》第2卷，广东旅游出版社，1993，第610页。

② 陈元靓编《事林广记·别集卷五》，中华书局，1963，第94页。

③《调查：上海之红木器具业》，《经济半月刊》1928年第2卷第5期。

④《杭州工业调查录（续）：木作及木器工场》，《市政月刊》1932 年第5卷第6期。

⑤《顺天府尹沈奏请设立度量衡并造纸官局摺》，《东方杂志》1904年第1卷第2期。

⑥《中国各地旧用度量衡与新制市用制折合表》，《实业部月刊》1937年第2卷第5期。

⑦ 涂尔干对于宗教的定义是：“一种与既与众不同、又不可冒犯的神圣事物有关的信仰与仪轨所组成的统一体系，这些信仰与仪轨将所有信奉它们的人结合在一个被称之为‘教会’的道德共同体之内。”见爱弥尔·涂尔干：《宗教生活的基本形式》，渠东、汲喆译，上海人民出版社，1999，第54页。

区别。首先，随着工具从原始文化的“神圣事物”演变为日常生产活动的一部分，与木作工具相关的信仰、仪式及活动具有相当的分散性，这类活动常因时、因地、因工程的进程而变化；其次，木作工具崇拜没有形成系统的著述，更没有建立独立自治的组织体系，即使是相邻两个村的木作从业者，也是“各拜各的庙，各烧各的香”。从本质上讲，木作工具崇拜是民间信仰的组成部分，具有以下几个特点：

第一，神秘性。在上古时代，器物更多是作为一种沟通天地的工具。如张光直在分析《国语》中有关绝天地通的神话时认为，“天地之间，或祖灵及其余神祇与生者之间的沟通，要仰仗巫祝与巫术；而牲器和动物牺牲则是天地沟通仪式中必须配备之物”[①]。因此，工具崇拜与原始宗教形态有着千丝万缕的联系，以规矩为代表的木作工具在某种程度上成为泰勒所述的“文化遗留”[②]，保留了原始宗教所残存的神秘性。另一方面，与西方不同，中国传统缺乏偶像崇拜的因素。如果说偶像崇拜代表了崇拜对象本身，或者是抽象神灵的人格化、具象化，在中国的民间信仰中对实用器物的崇拜很大程度上替代了偶像崇拜在社会中的位置。在新的文化形态中，人们将神权寄托于器物之上，人工制造的器物包括生产工具、武器以及器皿等，被崇拜的器物往往被赋予神秘意义，有时被认为是“辟邪物”或“厌胜物”。实际上，在人类文明进程中这也是一种常见的现象，体现了“神话思维”[③]的造物观念。木作工具在祭祀、生产仪式中被用来象征祖师爷鲁班，并出现了种种与工具崇拜相关的仪式或神话传说，在壁画、年画中也有不少关于木作工具的图像描绘。在这些图像里，曲尺、墨斗、斧、锯、刨等劳动工具都成为崇拜对象，如陕西绥德县郭家沟的三

① 张光直：《美术、神话与祭祀》，辽宁教育出版社，2002，第49页。

② 泰勒在《原始文化》中提出，“文化遗留”随着社会的不断发展，丧失其最初产生时所具有的文化意义和实际作用，在新的文化形态中具有新的意义和作用或者变成为无意义的纯粹的遗俗的历史文化现象。见泰勒：《原始文化》，连树声译，上海文艺出版社，1992，第74页。

③ 卡西尔认为神话概念趋于将全部自发性活动都看作是接受性活动：“工具从未被看成是人制造的东西，某种想到而后制造出来的东西；相反，工具被视为某种‘天赐之物’。工具并非起源于人自身，而是起源于某种‘文化英雄’。”见卡西尔：《语言与神话》，于晓等译，生活·读书·新知三联书店，1988，第81页。

官庙壁画中，诸神当中鲁班面长重瞳，曲尺就是其使用的法器（见图3-4）。

图3-4　绥德三官庙中的鲁班形象

第二，社会性。工匠群体对工具的崇拜，除了本身对祖师爷朴素的尊敬思想之外，还具有广泛的社会意义。如前所述，木作工具经常出现在各类典籍中，承担了劝喻、教化等民间信仰所具有的社会功能。汉代王符在《潜夫论·赞学》中论述了规矩准绳："昔倕之巧，目茂圆方，心定定平直，又造规绳矩墨以诲后人，试使奚仲、公班之徒，释此四度，而效倕自制，必不能也；凡工妄匠，执规秉矩，错准引绳，则巧同于倕也。是故倕以其心来制规矩，后工以规矩往合倕心也，故度之工，几于倕矣。先圣之智，心达神明，性直道德，又造经典以遗后人。试使贤人君子，释于学问，抱质而行，必弗具也；及使从师就学，按经而行，聪达之明，德义之理，亦庶矣。是故圣人以其心来造经典，后人以经典往合圣心也，故修经之贤，德近于圣矣。"工具因被赋予了神圣的特质而具有了规范行为和道德教化的作用。

第三，业缘性。从行业的角度看，传统木作行业的工具崇拜及相关仪式是以业缘为基础的集体的共同信仰。工具崇拜对于增强群体的凝聚力、归属感与认同感，满足工匠成员出于祈福与求得护佑的实用主义需求具有重要的意义。中国早期的传统思想并不排斥劳动生产，传说中的上古圣贤（黄帝、炎帝等）是多种生产、生活器物的创造者。《墨子·非儒》中曾对孔子的"君子循而不作"提出强烈批评："古者羿作弓，伃作甲，奚仲作车，巧垂作舟；然则今之鲍、函、车、匠，皆君子也，而羿、伃、奚仲、巧垂，皆小人邪？且其所循，人必或作之；然则其所循，皆小人道也。"自中古以后，工匠所处地位逐步边缘化。对于工匠活动，文人士大夫多有贬低，如韩愈《师说》云"巫医乐师百工之人，君子不齿"。明清以来，随着手工业的发展，手工业者成为社会中日益壮大的群体。相应地，手工业行会团体纷纷成立。在这样的背景下，行业的自我意识开始形成，行会需要为群体自身的凝聚力与发展创造相应的依据。与西方一神宗教中造物观念不同的是，中国造物传说是按照创造事项分门别类的。具体到某个行业上，则有专门的行业祖师神圣。借用傅铿在《论传统》译序中所言："对信奉者来说，某个传统的创始人或创始事件一般都带有异乎寻常的、奇迹般的神圣色彩。这些创始人一般都具有（或者被认为具有）异乎寻常的想象力、非凡的品格和美德，都超越于日常的或世俗的生活，当然更不用说提出惊世骇俗的思想了。"[①]木作的行业神是鲁班，鲁班是"我国民间传说中一位无处不在、无所不能的能工巧匠"[②]。在民间，鲁班的传说流传时间长、传播地域广，如北京精忠庙鲁班殿光绪三年碑刻有"后世精心妙手，莫不仰赖先圣之规矩准绳，触类而通"的文字，东岳庙鲁班殿并有"万世规矩"的匾额。中国传统木作行会借用民间信仰的形式，在业内形成了具有宗教意味的鲁班信仰。工具是行业的象征，木作行业的工具崇拜是我国器物崇拜思想的一种表现形式，"祖师爷所创"观念的具体化就是从业者将工具附会为祖师所创，其倡导的制度、价值观念、行为方式等构成了传统民间信仰的一部分，并以普通受众能接受的、形象具体的表达方式完成民间信仰的社会功能。

第四，实用性。木作工具与民众日常的生活密切相关，在使用过程中又具有相当的专业性。首先，木作工具是木匠完成工作的重要依赖，他们必须珍惜能够帮他们养家糊口的工具。并且在长期使用的过程中，他们对于自己的工具会有特殊的感情，比如，木匠用完斧头后会用红布包好，木匠避讳有人从墨斗上面越过，似乎也是警示如果不尊重工具，会影响加工的精度。其次，如果木匠能够掌握一定的工具厌胜知识与能力，在与东家博弈时就能处于有利地位。王田在考察羌族地区木匠崇拜的时候，注意到当一户人家出现不祥现象的时候，比如家人病、亡、事业不顺等，"人们认为这是由于这家人

① 爱德华·希尔斯：《论传统》，傅铿、吕乐译，上海人民出版社，2014，第4页。

② 刘守华：《中国古代民间故事中的科学幻想——鲁班造木鸟故事的古今演变》，《华中师范大学学报》（哲学社会科学版）1997年第3期。

有意或无意得罪了木匠师傅，深谙鲁班法术的木匠在建房、安梁时对房屋动了手脚，化解危机的唯一办法是向木匠请罪，让他解除诅咒和法术”[①]。木匠的生产活动往往受雇于雇主，雇主对木匠待遇、工资的发放等具有决定权。木匠为了自己的利益得到保证，往往通过神化行业祖师鲁班，并且在上梁等仪式中渲染自己的神秘性与不可替代性，将自己标识为掌握巫术的人，暗示当自己与雇主之间发生矛盾的时候，木匠有能力以巫术的方式制约雇主，从而对雇主形成威慑。部分木作工具还被用作降魔伏鬼的法器。对于木作工具能够驱邪的原因，乌丙安认为从来源上与古代的“巫”“蛊”有关，是工匠行业信仰向民间渗透的结果，他还认为工匠技艺高超的神奇色彩在古代传承中的神化也有影响。[②]相比其他行业，木作是社会几乎所有地区、阶层人都要应用、接触到的，因此能够为社会公众所熟知。举例来说，墨斗常被视为鲁班的化身，后来逐渐演化为驱邪降妖的“法器”。作为生产领域内的从业者，木匠捉鬼驱邪显然有些业余。在后来的发展过程中，墨斗的这种神秘功能为道士所用，成为一种专门的法器，实际上这是工具崇拜进一步向社会传播的表现。木作工具的实用性，首先出自木作从业者对行业祖师护佑的理解与应用，并流行于木作团体及成员中；而木作生产（房屋建造、家具制作）是社会成员（各地区、各阶层）常见、常接触的事物，与民众的生活密切相关，因此原本属于工匠群体的信仰意识容易为广大民众所熟悉和认可。

三、行业仪式

传统木作行业的仪式活动是行业观念的展演及行业文化意义的转化，以祭祀、表现、纪念等为主要表现形式。涂尔干认为，仪式首先是“社会群体定期重新巩固自身的手段”，木作行业仪式的首要作用即是行业内部通过组织修庙立碑、祭祀等仪式塑造和强化行业神的权威，加强行业群体内部的认同感和凝聚力；其次，工匠群体通过独占与神圣的沟通，以提高木作从业者

---

① 王田：《一个边缘行业群体的情境性信仰——羌族地区木匠的鲁班崇拜》，载杨红斌主编《大理民族文化研究论丛》第4辑，民族出版社，2010，第361页。

② 乌丙安：《中国民俗学》，辽宁大学出版社，1999，第77页。

的社会地位。如张光直所述：“对通天的各种手段的独占，包括古代仪式的用品、美术品、礼器等等的独占，是获得和占取政治权利的重要基础，也是古代财富和资源独占的重要条件。”[①]

图3-5　河南浚县屯子镇董厂村的公输子庙图

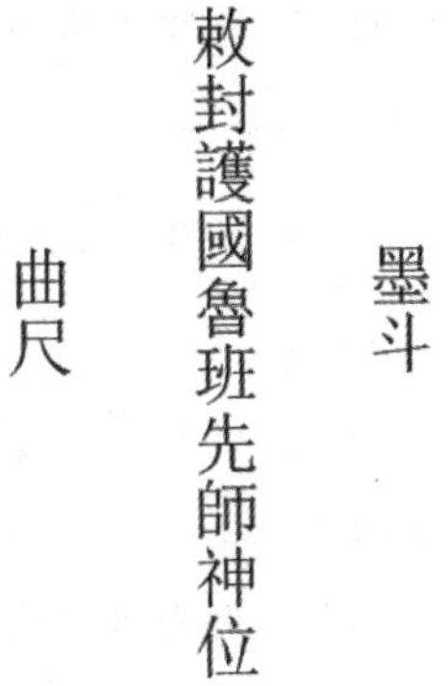

在仪式供奉中，通常主神的神像、牌位居中，配神居左右，如浚县屯子镇董厂村公输子祠中的神牌位置以鲁班居中，财神、山神居左右（图3-5）。在仪式进行的过程中，除坐北朝南供奉祖师鲁班的牌位外，墨斗、曲尺和斧子等工具也被摆放在突出的位置。建筑工匠还进一步将墨斗、曲尺这两种工具人格化和神化，奉之为“墨斗曲尺先（仙）师”，广州铅印本《鲁班经》中就有墨斗、曲尺与鲁班并祀的神位图示（图3-6）。

墨斗　敕封護國鲁班先師神位　曲尺

图3-6　《鲁班经》中墨斗、曲尺与鲁班并祀

根据祭祀对象、功能的不同，木作行业的仪式可分为两种类型。一类是木作行业内部针对从业者进行的特定的仪式。木作行业向来有崇祀鲁班祖师的传统，因而祭祀行业神是仪式的核心内容。逢农历初一、十五或鲁班诞辰、祭日，全体成员聚在一起祭拜、看戏、喝酒，借此机会同乡同业畅叙。如《北京劳动状况》一文中所记载：“那木匠供的祖师，也是鲁班。每一年祭一回。由同行的人，公捐香资，唱一天酬神戏。”[②]祭祀仪式一般在鲁班庙或鲁班殿进行，民国时期鲁班庙或鲁班殿属“祀庙科”管理，其性质同祀神会馆、宗祠等类似，不属于宗

① 张光直：《中国考古学专题六讲》（增订本），生活·读书·新知三联书店，2010，第11页。
② 李幽影：《北京劳动状况》，《新青年》1920年第7卷第6期。

教祀馆祠庙[①]。有些行会的所在地附近通常建有鲁班庙或鲁班殿，并设有神座或牌位，从而使行会公所既是同业议事的会所，又是同业祀神拜祖的场所。

在祭拜祖师的同时，除了组织收徒拜师等活动，按照惯例木工行还会商讨来年的工资问题。宣统三年（1911年）六月精忠庙鲁班殿碑文中记载了行会两次议定工资的事例："前因光绪三十有四年，粮价高腾，工价不敷用度，目击改业者不少，当经公议，增长每匠（夫）工饭钱四（三）吊六百文，以为养众之策。兹缘宣统辛亥，米珠薪桂，工价复难敷用，同人弃行者实多。会末等何忍坐视，恐废先师之遗型，拟筹养赡之赀计，庶免湮没失绪，今又公同议定，由是年三月初九日起，每匠（夫）价增饭钱五（三）吊七百文，藉资糊口。以整规模而卫众生，以垂同人而归划一。今将两次议订价目，勒石殿右，冀垂久远。"[②]在鲁班庙议定工资，一方面因"米珠薪桂，工价复难敷用"，商量提高工人工资事宜，维护"先师之遗型"；另一方面是为将来解决劳资纠纷有规可依，"以垂同人而归划一"，因此"勒石殿右，冀垂久远"。会商前，要先将祖师爷的牌位安坛，设驾上香后，开始入座，边吃边谈。有时祭祀仪式的举办还会附加特定的目的，如借鲁班诞辰开展停工行动[③]；或通过举行鲁班诞辰同人大会，进行筹款的活动，"一年一度之圣诞，藉以联络会员情，发动劝募粤省国防亦有赖于今晚叙会，旋由尹显扬提议，凡参加大会之同人须即席自动捐助，众赞成议决通过"[④]。

另一类的祭祀仪式贯穿于木作生产过程的前、中、后阶段，如马林诺夫斯基所言："不论已经昌明的或尚属原始的科学，它并不能完全支配机遇，消除意外，及预测自然事变中偶然的遭遇。它亦不能使人类的工作都适合于实际的需要及得到可靠的成效。"[⑤]在木作生产的过程中，对于工匠来说，无论

① "祀庙科包括不属于宗教之祀馆祠庙，如先贤祀先烈祀各祀神之会馆，及各姓之宗祠与孔庙关庙岳庙等（城隍庙土地庙各种习俗上之鲁班庙、老郎庙、娘娘庙之类）。"见《释太虚为礼制官制致薛部长函》，《申报》1928年7月8日。

② 彭泽益：《清代工商行业碑文集粹》，中州古籍出版社，1997，第8页。

③《工友庆祝鲁班诞辰，木匠等十万人昨日一律停工》，《民国日报》1918年5月11日。

④《七七筹款续志》，《申报》1938年6月11日。

⑤ 马林诺夫斯基：《文化论》，费孝通等译，中国民间文艺出版社，1987，第48页。

自己如何小心从事，总是存在着某些无法控制的事件。比如，在制作家具之前备料的过程，锯材需要经过一定时间的自然干燥后，才能进行家具制作，而这个过程就需要看天吃饭。因此，在木作行业从业者心目中对于鲁班的信仰比起其他神明更加重要。在木作生产活动中，各种仪式常被用来配合工程进度以祈求好运，主要目的还在于以此来安抚从业者的心情。比如造船动工前，木工中为首的主工师傅手执《鲁班书》，恭敬摆放在焚香点炉的香案正中，摆一桌酒菜。主工手执五尺（木工量具）对《鲁班书》作揖三次，口里念着“开山子（斧头）一响天门开，请得鲁班先师下凡来”。随后木工们围坐起来吃酒菜，船主先敬第一杯酒给主工，席后再动工造船，这叫作“开张神佛”[①]。《鲁班经》记录了从入山伐木、起工架马、起工破木、画柱绳墨，到立木上梁等建房过程中需要挑选吉日并按照祖宗留下的范式举行仪式的重要节点。比如开工时，“将木马先放在吉方，然后将后步柱安放马上，起手俱用翻锄向内动作”[②]。在这些仪式中以作为标志建房竣工的“立木上梁”的仪式最为隆重，也是木作生产过程中最重要的仪式。在上梁仪式中，秤丈竿、墨斗、曲尺等工具往往被视为技艺的象征，有时候亦直接作为祖师爷本身的象征。《鲁班经》中“起造立木上梁式”一节中记有工匠在上梁时举行的祭祀仪式：“凡造作立木上梁，候吉日良辰，可立一香案于中亭，设安普庵仙师香火，备列五色钱、香花、灯烛、三牲、果酒供养之仪，匠师拜请三界地主、五方宅神、鲁班三郎、十极高真，其匠人秤丈竿、墨斗、曲尺，系放香桌米桶上，并巡官罗金安顿，照官符、三煞凶神，打退神杀，居住者永远吉昌也。”[③]这种传统沿袭至今，浙江乐清一带上梁时由木工掌墨师傅把秤丈竿、墨斗、曲尺捆绑于竹筛上，悬挂于门上，秤丈竿一头撑地（图3-7），桌上摆上三牲。准备就绪后，木瓦工和房主恭请木工上梁。上梁后，木工唱诵上梁文，同时在梁上向四方撒糖果，放鞭炮。在我国有些地区的鲁班祭典中还有献五宝的仪式：“献文公尺，是指执两仪，通天尺；献墨斗，是不偏不倚

① 杨伯祥：《旧时长沙船俗琐谈》，《楚风》1984年第1期。

② 午荣编《鲁班经》，李峰注解，海南出版社，2003，第220页。

③ 浦士钊校阅《绘图鲁班经》，上海鸿文书局，1938，第5页。

图3-7　乐清上梁仪式中悬挂的木工工具

的准绳；献巨斧，可以大发利市；献大锯，则可裁长去短，使其适用；献规矩，意在师法天地，不圆而自圆，不方而自方。”[①]

此外，还有一些厌胜或禳解仪式。《中国工匠咒语解析》中记录了民间匠人讲述的一则故事：民国时有一位木匠丢失了工具，就备下三张红纸，分别在每张红纸上依次写下“赐封鲁班仙师鲁国公输子之神位”“曲尺童子之神位”“墨斗郎君之神位”，然后将三个神位放于盛满米的米斗之中，杀鸡以鸡血祭祀。随后将墨斗线绕于木马之上，用斧头在木马上敲墨斗锥，口中念道“速还！速还！”。木匠和村民都深信这样可令偷工具的小偷头痛欲裂。小偷必须提肉来谢罪，并将肉挂在木马上，才能解咒。[②]

第二节　行业的禁忌与约束

禁忌代表了应用巫术中消极的部分，弗雷泽认为：“积极的巫术或法术说：

① 徐明君：《由“艺”到“役”：传统木工技艺场域中劳动意义之变迁》，硕士学位论文，南华大学应用社会学系，2013，第83页。

② 李世武：《作为文化实践的语言——中国工匠咒语解析》，《楚雄师范学院学报》2009年第5期。

'这样做就会发生什么事'；而消极的巫术或禁忌则说：'别这样做，以免发生什么什么事。'"[①]李安宅认为："积极的巫术是所以产生所欲求的事，消极的巫术或禁忌是所以预防所不如意的事。"[②]

一、木作行业中的禁忌

万建中对民间故事中的禁忌主题进行考察，列举了十种类型。他所定义的"禁忌"限定在精神层面，认为禁忌是一种社会心理层面上的民俗信仰，违禁造成的不幸是停留在心理层面上的。[③]与万建中研究的"禁忌"有所区别，木作行业中禁忌局限于一些特定的领域，大致分为三种类型。

第一类是基于对自然规律的认识而进行的总结。木作行业中有大量的以谚语、口诀等形式存在的否定性的行为规范，违反会造成人员伤亡和财产损失，即"犯煞"。如《荀子·王制》中提到"斩伐养长不失其时，故山林不童而百姓有余材也"；《遵生八笺》中说"春三月，六气十八候皆正发生之令，毋覆巢杀母破卵，毋伐林木"[④]；又《周礼》中对斩材做出详细的规定，"仲冬，斩阳木，仲夏，斩阴木。凡服耜，斩季材，以时入之，令万民时斩材，有期日。凡邦工入山林而抡材，不禁，春秋之斩木不入禁。凡窃木者有刑罚"，说明人们已经对木材的生长和资源的合理利用有了一定的认识。《鲁班经》中提及药箱的选材，"此是杉木板片合进，切忌杂木"，当因杉木性温无毒，变形较小，故宜用以制药箱，这是对材料性能的认识。还有针对施工先后程序的禁忌，与工匠生辰相关的"梓匠出刹"的禁忌，以及针对施工的重要节点如开工、上梁、架马、安门、收工等时辰、方位所列举的禁忌，比如春子日、夏卯日、秋午日、冬酉日为"鲁班煞"，木匠应避开这些日子收工。总体来说，这类禁忌仍属于一种经验的范式，以禁忌的形式世代相传，迫使木工能遵照执行。

---

① 詹·乔·弗雷泽：《金枝》（上册），徐育新等译，中国民间文艺出版社，1987，第31页。

② 李安宅编译《巫术与语言》，上海文艺出版社，1988，影印本，第16页。

③ 万建中：《解读禁忌：中国神话、传说和故事中的禁忌主题》，商务印书馆，2001，第10页。

④ 高濂：《遵生八笺》，黄山书社，2010，第82页。

第二类为"避讳型"，即人们为图吉利，刻意避开某些使人产生不祥想象的话语，这些话语多数为谐音。当然有时这种避讳也并非全无道理，如《便民图纂》中所说"桑树不宜作屋料，死树不宜做栋梁"①，在民间也有"桑不上梁"的说法。千百年来，人们几乎没有使用桑木做梁的，一方面是"桑"与"丧"谐音不吉利，其实主要原因还是桑木材料较软，且无大材，不适合作为梁檩用。

第三类可称为"神谕型"，是当木工遇到某种超出自身能力且无法解释原因的时候，为避免损失或自身陷入险境而设置的规范。马林诺夫斯基曾以捕鱼为例说明这种情形。②同样，入山伐木也有一定的危险性，《鲁班经》对工匠伐木有严格的规定："入山伐木法：凡伐木日辰及起工日，切不可犯穿山杀。匠入山伐木起工，且用看好木头根数，具立平坦处斫伐，不可了草，此用人力以所为也。如或木植到场，不可堆放黄杀方，又不可犯皇帝八座，余日皆吉。"

二、木作行业中的厌胜

厌胜是一种积极的巫术，是"人们面临某种严重的危险做出种种盲目而必要的举动，是情感与欲望难以自制的时刻，个体借助于替代行为仿佛觉得自己接近或达到了向往的目的。比如，仇人得到了报应"③。木匠的故事在民间流传甚广，如"木匠与主人，大多数没有什么仇恨，起衅的原因，大概有的是在待遇方面，如白切肉太小或无肉吃、汤团不好或徒弟分量独少、不喜欢炒肉鸭蛋辣椒而主妇偏偏给他们吃、饭菜欠丰等"不一而足；或者是产生误会，比如"木匠误以红烧肉为陈肉，或东家佣人对木匠不好、儿子私下扣买菜的钱，而误以为是主人所使，或误解鱼肉去刺，以为是坏的。当然也有主家为人恶劣而木匠复仇，或木匠性喜弄人的情形"。在木作行业，厌胜现

① 邝璠：《便民图纂》，广陵书社，2009，第275页。

② 人们在被保护的环境下捕鱼，是不需要巫术的保护的，"在环礁湖内捕到大量的鱼是可能的，在那样的条件下，任何形式的捕鱼都是可行的"。在情况复杂、危险性大的情况下，巫术才会被普遍使用。马林诺夫斯基推测，这些迷信行为可能根源于岛民生活的不可预测性。见托马斯·奥戴：《宗教社会学》，胡荣、乐爱国译，宁夏人民出版社，1989，第206页。

③ 马林诺夫斯基：《巫术、科学与宗教》，上海社会科学院出版社，2016，第67页。

象的存在反映了木匠与东家博弈以求得较好待遇的心理。如《在园杂志》云："尝言营造房屋时不宜呵斥木瓦工，恐其魇镇，则祸福不测。"农业时代民间口头文学的兴盛使木工行业中的厌胜得到广泛的发展与传播，造成民间广泛认同"在请木匠建造房屋时必须得要盛情款待，以避免得罪工匠"这一约定俗成的规矩。在河南郑州一带，任务完成以后，东家要给木匠准备一包馒头加肉，俗称"捎个包"。虽然多数木工并不懂厌胜之术，但因为有这套神秘的规矩，让木工这个职业本身得到尊重。

木工行业内的厌胜之术多依附于民间故事进行传播，实际上这些民间故事的内容，与当地的风俗人情、生活习惯以及本地的信仰等又有密切的关系。总体来说，木工行业的厌胜之术大致可以分为两类，一类是在梁、柱、椽、拱等构件中"隐藏异物"，或将物品置于"异于常理的方位"。如《鲁班经·灵驱解法洞明真言秘书》中记载了两例："其一上画一虎，下注云'白虎当堂坐真身，主人口舌不离身，女人在家多疾厄，不伤小口只伤妻，藏梁楣内，头向内凶'；其二上画一船，下注云：'船亦藏于斗中，可用船头朝内，主进财，不可朝外，朝外主退财'。"《说郛续》卷七引明代杨穆《西墅杂记》："余同里莫氏，故家也。其家每夜分闻室中角力声不已，缘知为怪，屡禳之不验。他日转售于人而毁拆之，梁间有木刻二人，裸体披发，相角力也。又皋桥韩氏，从事营造，丧服不绝者四十余年，后以风雨败其垣，壁中藏一孝巾，以砖弁之，其意以为砖戴孝也。"另一类是对凡物施以法术后发生了变形和变异，或者凡物经一段时间可以成精，如"汤团可变为小和尚、罗汉、秃头鬼"，"五色布可变为穿五色衣的小孩"，"木屑的鞋子可变为老鼠"，等等，各种民间传说不一而足。

有了对东家的约束，对木工一方也不能没有制约的措施。民间故事中存在大量厌胜之术败露，木匠受到惩罚的事例。如《便民图纂》引明代王用臣《斯陶说林》："吴有富商，倩工作舟，供具稍薄，疑工必有他意，视工将讫，夜潜伏舟尾听之。工以斧敲椽曰：'木龙，木龙，听我祝词：第一年船行，得利倍之。次年得利十之三。三年人财俱失！'翁闻而识之。行商，获利果倍，次年亦如言，遂不复出。一日，破其舟，得木龙长尺许，沸油煎之，工在邻家疾作，知事败，来乞命，复煎之，工仆地而绝。凡取厌胜者必以油煎。”厌胜之法中还有大量工匠因为被发现后被迫做出解释，从而产生了祸福转化的戏剧化效果的案例。如清代褚人获《坚瓠余集》“木工厌胜”条云：“木工造厌胜者，例以初安时一言为准，祸福皆由之。娄门李朋造楼，工初萌恶念，为小木人荷枷埋户限下。李道见，叱问之，工惶恐，漫应曰：‘尔不解此耶？走进娄门第一家也。’李道任之。自是家遂骤发，赀甲其里。”再如曹松叶在1930年《民俗》杂志发表《泥水木匠故事探讨》一文中所言：“泥水木匠于家主不对，既多在待遇方面起衅，故泥水木匠的对付家主，恶作剧居一重要部分，结果良好者居半数以上。凡事转凶为吉，是人的希望，所以那家既因泥水木匠的阴谋而家败，后可由泥水木匠的破除误解，而家道复康。”[①]这些事例似乎是用来制衡工匠的，因此尽管厌胜体系充满着迷信的色彩，在客观上仍形成了一种具有社会约束力的相互监督、相互制约的体系，成为维持社会生产秩序的基石。

当然，有时这些事例被有意利用，以达到各种目的，或经以讹传讹，成为具有迷信色彩的故事。如《大公报》记载了一则木工因砍杀白杨树而起噩运的故事：“卫辉府汲县木作头高忠，因某村有白杨一株，已数十年，村人庙其旁，遇有小疾病，辄携香帛往祷，日前遽往物色而货买之，携斧斤往伐，树倒，而小庙圮，自是木作家遂无宁日，未几而木作之祖母死，而妹死，而媳死，而弟又死，至是而木作亦死焉，咸谓为树妖之报。”民国时期人们已具有科学理性的思维，对瘟疫有了一定的认识：“纪者曰，甚哉华人之惑鬼也，方今时疫传染治不得法，若高忠之合家被患盖不乏人，如以为鬼物使然，试请观近日各报所载患疫患霍乱死者，实不下数万人，而此数万人其皆伐树倒庙人乎，夫亦可恍然悟矣。”[②]

① 曹松叶：《泥水木匠故事探讨》，《民俗》1930年第108期。

②《卫郡树妖》，《大公报》1902年9月16日。

第四章　控制与依赖：近代传统家具行业的行会组织 ≫

据宋代《都城纪胜·诸行》记载：“市肆谓之行者，因官府科索而得此名。不以其物大小，但合充用者，皆置为行。……其他工伎之人，或名为作，如篦刃作、腰带作、金银镀作、鈒作是也。”[①]“行”最初是应官府需要而设，之后因商业的流通和人员流动增加，各地商人、作头、劳工为联络乡情以互为依靠，逐渐形成以同乡、同业为基础的会馆或公所。这些行会组织不仅具有情感联结的功能，更重要的是具有通过同业互助实现的社会保障功能。到了现代社会，随着人们活动空间的极大扩展和社会保障功能的社会化，行业组织的角色、功能较以前发生了较大的变化。

① 孟元老等：《东京梦华录（外四种）》，上海古典文学出版社，1957，第91页。

第一节 近代行会组织的形式与变迁

清末时期各种行会仍以同乡相聚为主，之后随着工商行业的发展，逐步形成由同乡同行的商人建立的地方性行会。比如北京的工商业，基本由各地方帮派商人所控制，各行业的从业人员地域性较强。再如上海的木业公所："彼等除木业公司之外，尚有团体，系强制加入，如不肯者，不许其在上海做工。出生地属于宁波、江苏及本地帮者占多数，总计二万四千人，彼等在城内硝皮弄设有公所，其他虽无公所，有事时常在木业公所或茶馆开会。"[①]伴随着经济近代化的进程，各种同乡会逐渐演变为具有处理行业内部事务、维护行业团结功能的同业公会、商会等。初期的木作公所面向较宽，组织形式松散，作用更多是为行业从业人员提供聚集的场所，起到认可从业人员入行资格的作用。1910年《申报》刊登一则鲁班殿浙宁工业总会的入会广告，广告中说明行会作用为："遇有纠葛，尽可到会诉董理处，切勿遽兴讼端致伤和气，我同业如能恪守法律安分营生，各新董自应尽保护之责任。"[②]另外，公告中提及当时木业十三行虽然共用鲁班殿，但仍存有对小木作、洋式木器、箍桶、板箱、棺铺、棕榻等是否属木作、能否入会的争议。由此可见，木作所涉范围较广，除了大的木业行会，还有各类细分的木作行业的行会，如1920年《新青年》刊登的《上海劳动状况》中所言："他们的团体，叫作木业公所，供奉鲁班；但是木行工人，多不在内。他们各作又有各作的小团体。"[③]即使在同一公所，因籍贯不同，有时也会产生纠纷，《点石斋画报》记录了武汉木匠中的汉阳帮和武昌帮因在同一公所，因一字而结不解之仇的奇闻："……每年集会或前或后皆在鲁班阁内，前

① 彭泽益：《中国近代手工业史资料（1840—1949）》第三卷，生活·读书·新知三联书店，1957，第311页。

② 见《申报》1910年1月30日。

③ 《上海劳动状况》，《新青年》1920年第7卷第6期。

数年曾悬一匾，上书文武帮三字，武帮中人见之不欲武字居次，乃曰各行分帮名以地起匾，上应书曰武汉帮。文字何所取义，两造因此龃龉，星霜屡易，仇隙未消。”[①]两帮矛盾自是由来已久，不过从中可以看出鲁班殿在木作行业组织中的重要性。鲁班殿也是邀众人见证、议事调解纠纷的场所，1881年《申报》刊登的《会审上控案》中记录了红帮木匠与白帮木匠冲突：“况我行规矩，凡同业有不合情事因到殿秉公理论，不准喧哗，违则议罚。今陈无礼已极，若不请惩，无以服众。”[②]再如1899年《申报》记载一起经济纠纷：“……监生即邀孙及木业董事严巨堂等多人至鲁班殿，将各项收付账簿逐一细核……前日徐孙二人邀监生至鲁班殿结算，各账监生与各董事细查之下，孙实欠银六千七百余两。”[③]还有1926年《申报》刊登的《水木业工人要求加工资》：“本埠水木业工人每日原薪大洋四角，近来因生活程度日高，入不敷出，是以连日集议，要求作主增加工资洋二角，兹由水木公所业董张效良等出任调停，定期旧历本月十九日在城内鲁班殿会所邀集劳资两方代表会议解决办法。”[④]

木业公所一类为董事制，此时期的罢工多有行帮背景，如以长乐县籍为主的木工会同盟成立后要求增加工资：“若木匠则有三千余人，以长乐县籍人为最多，从前每日工资八百八十文，本年三月间大木工会成立，同盟增加四百文，每工合一元三百文。其工资所以较泥匠为高者，盖以木匠须自备斧凿刨锯等器具，且夏天午后并无歇息，每日工作时间较多也。”[⑤]在经济情况不景气时，行业内所有工人都处于相同的地位和处境之下，原来以地缘为主的行帮组织逐步向以业缘为主的大的行业组织发展，罢工的范围扩大到所谓的“齐行叫歇”，即整个行业工人实行罢工。至20世纪20年代以来，店铺之间、店主与工人之间的矛盾日益尖锐，木作工匠要求加薪的罢工活动日渐频繁，行业组织的成立成为潮流所向，且陆续成立的各工会组织将资本家排除在外，工会成为代

---

① 《一字忿争》，《点石斋画报》1884年第5期。

② 《会审上控案》，《申报》1881年7月1日。

③ 《英界晚堂琐安案》，《申报》1899年1月25日。

④ 《水木业工人要求加工资》，《申报》1926年5月27日。

⑤ 彭泽益：《中国近代手工业史资料（1840—1949）》第三卷，生活·读书·新知三联书店，1957，第814页。

表工匠与资本家谈判的工人组织。1927年《申报》刊登的一则工会消息体现了这种变化："本埠木工向分红木、锯木数帮，昔皆附属于鲁班殿，近因鉴于各业均有工会组织，采用委员制，较以前鲁班殿之董事制为完善，且其主要人物大都店主占多数，与工人主张每有相左……另在新普育堂前面徽宁路口组设木工工会，对于各帮木工均许加入，惟店主方面则拒绝不纳。"①再比如1927年《新闻报》刊登《红木器业劳资双方签订条件》，记录了中西红木器业劳资双方调和会的结果，第一条即为"店主须承认工会有代表工人之权"②。1928年《申报》公布红白木器业工会第二分会改选大会的选举结果，并通告工厂厂主："各工厂厂主亦应明白斯旨，对于已入工会及预备入会之工友，概不得藉故开除，或减少其工资及工作等事发生，致碍工运进行，不免有伤情感。素仰贵厂执事，深明大义。定荷谅斯旨，以利工运，而免纠纷，特此通告。"③作为与资方谈判的代表，成立职工会的主要目的，即是为工人争取权利，如上海木器业职工会成立之初即要求店主增加工资："本市木器业工人七千余人，组织上海市木器业职工会，该业工友纷纷入会，迄至目下不下五千余人，于本年一月起由该会发起要求各该资方店主增加工资三成，业由泰昌、毛全泰等允于本年一月份起，一律增加工友工资三成，劳资双方订定契约，并早经实行增加，该会已于昨日假市商会举行成立大会。"④1928年《申报》刊登《红木业小件工会筹办会》启事，呈函工整会，请求核准备案准予成立工会："前日下午二时，上海红木业小件工友在西门内学西街开筹办会议。鉴于迩来生活日高，该业工友比较任何工业清苦，现各业已成立工会，该业独付缺如。故呈函工整会，请求核准备案，准予成立工会，以便早日解除痛苦云。"⑤红木业小件工会成立之后，旋即开始集会讨论提出加薪条件："红木业小件工会工友八十余人昨在西门学西街，记录讨论提出加薪条件。"⑥

①《各业工会消息》，《申报》1927年4月2日。

②《红木器业劳资双方签订条件》，《新闻报》1927年10月16日。

③《各业工会消息》，《申报》1928年8月31日。

④《木器业职工会昨开成立大会》，《申报》1940年3月6日。

⑤《红木业小件工会筹办会》，《申报》1928年7月23日。

⑥《红木业小件工会代表会记》，《申报》1928年8月24日。

第二节　近代行会组织的功能

近代中国的行会组织与民族工商业的发展相依共生，反映和调整着近代工匠、作坊主、行业与政府之间的利益关系，发挥了中间性的治理机制的功能。

一、为行业利益服务

首先，行会组织基本由因地缘而形成的同乡公所发展而来，在成立初期其基本功能即是为本帮利益服务。在城市的木作行业中，来自不同地域的工匠之间往往达成默契，形成了各自的行业分工，如上海做桃花木家具的木匠有上海帮、宁波帮和温州台州帮，其中温州台州帮多半做大件木器卖给木器店。当这种利益分工被打破时，帮派之间就会产生矛盾，如《征信新闻（南京）》刊登南京木作行业当中"申帮"工人抢夺他帮工具一事：南京市的木作工人，向来分为本地、扬州、上海、宁波等四帮，各自形成一派，受各帮工头指挥调度，与其他帮派关系"泾渭不犯"，"近申帮工人以待遇菲薄，于前日起开始罢工，惟他帮不采合作态度，申帮工人乃于今晨集合一百等余人，前往本市营造工业之集合地区，强缴他帮工具"[①]。再如刊登于1911年《申报》的一则新闻《船坞木匠改用宁帮》，提及江南机器制造局的船坞内因广帮工人要求加价而停工，使用宁帮工人的事件："现该船坞决计不用广帮，尤恐广帮工人聚众滋闹，特加派门岗巡警竭力卫御，并告诫宁帮众工匠暂行守宿，不宜往返，以防争斗风潮。"[②]

---

①《本市木作工作起纠纷申帮工人强夺他帮工具》，《征信新闻（南京）》1946年第66期。

②《船坞木匠改用宁帮》，《申报》1911年10月1日。

其次，早期的同业公会在很大程度上是一种同乡同业人员之间的互助组织，承担一定的公益职能，其中一项重要的事务是购买义地，为客死他乡的乡亲料理丧事。据《新青年》记载，同行中有死丧无资的人，大家公助丧葬费。并且木匠行的人，有大家公共拿钱置买的坟地，叫作木匠行的义地。同行中若死了人，无资买坟地的，就可以埋在义地里。[①]清光绪二十年（1894年）五月精忠庙立碑记载了行会在城里购置土地为“义地”，以安葬故去的同行业者的事例：“盖因我行中诸友在京住户无多，均系外府州县来京做艺。本行首事会友，恐有诸友在京病故无处葬埋停放，当时不能将灵柩搬回原乡。首事会友筹商，将例年办会积攒余资，于光绪二十年，在先农坛后身置买新安义地一段，以备安葬。知有病故者，先找三城首事要对条，到庙内起票。按牌开坑葬埋，勿庸给钱，本行出给。倘有壮夫伙计葬埋，票钱本行不管，本身付给。谨此存贮，万古流芳。地段南北十七丈，东西九丈八尺，东至王姓菜园，西至张姓住宅，南至苇坑，北至官道，四至分明。白字纸二章，红契纸一章，在本庙收存。由东北头起牌至南头十八牌。”[②]

再次，在早期的手工业组织当中，同时吸纳了业主与工匠，实际上业主处于主导地位，因而这类组织主要代表了业主与行业的利益。初期的木工公所是雇主联合起来应对工匠和学徒的组织，也是业主联合起来对付消费者的组织。如瞿秋白在《中国职工运动的问题》中所言：“这种组织的任务，实际上就是‘同行公会’任务，是所谓生产者对付消费者的组织。例如木匠的组织，大家公约木匠工作的价钱和条件，一致的对付雇主……同时，这也是业主对付雇工学徒的组织，大家公约木匠收学徒的条件，学徒的年限等等。这些行会的公约，都请一个‘神’来保证，例如木匠的神，便是鲁班（行会的神都是道教的）。雇工和学徒在这种组织之中，只是听从业主的决定：每年工资或每次工作工资的多少等等。”[③]再如1942年《申报》刊登《法租界紫来街红木器业联合向顾客道歉启事》，紫来街的周永兴、王顺泰、蔡宏大、浩记、沉南昌、元

① 李幽影：《北京劳动状况》，《新青年》1920年第6期。

② 李华：《明清以来的工商业行会》，《历史研究》1978年第4期。

③ 瞿秋白：《中国职工运动的问题》，《布尔塞维克》1930年第3卷第2期。

丰、德泰、乔源泰、刘宝顺、蔡宏源、大成祥记、泰昶等木器号联合向消费者道歉，并对涨价及之后的停业做出解释，认为使用新法币后，各种原料尤其红木材料一涨再涨，以致成本提高，售价亦不得已稍事酌加："明知原料飞涨不够血本，为爱护顾客、安定市价起见，不得不作巨大牺牲。昨日（二十八日）法当局评价委员会为敝同业未能依照二作一旧价改售新币，罚令停业四天，敝同业业已将原料价目表及成本计算书送呈当局审核，亟望经售原料各商行遵奉法令，以二作一改正市价，以免敝同业代人受过，是所至企自本月二十八日起至本月三十一日止在敝业遵令停业期间，仅恐各顾客速道枉顾，未能接待深抱不安，谨此通告。"[①]

最后，行会具有对内规范商业行为、调解同业纠纷，对外协调官商矛盾、积极争取行业利益的作用。1920年的《申报》刊登《红木业改订行规之县署布告》，列举行业中出现的种种乱象，如"交易之工价不一，货物之鱼目混珠，伙友之重利谋挖，生徒之中途潜投，此皆例规之不妥，而亦同业之不守成规也"，"有鉴于此，加之当时店铺林立，紊乱更甚，在虹桥南首小弄内设立公所，呈请政府鉴核批准立案"[②]。1923年《申报》刊登新闻《甬同乡会调解红木业争端》，"据敝同乡红木业周德兴、傅茂胜、任昌祥、王祥和、陈福兴、傅和泰等十八家略称敝同行，以专做红木文具、梳妆、洋镜为业……不得越分擅利等情，到会据此，查慎德堂与联梓堂各营各业，向有双方行规之规定……"，因为同行纠纷，致函沉知事给谕，"本埠红木同业向分大小同行，各自为政，不相混合。近因慎德堂与联梓堂营业侵夺事，昨宁波旅沪同乡会特致函上海沉知事请为调解，原函如下……"[③]。当官方制定的政策对同业者的利益带来损失时，为了行业利益，行业组织会因应召集会议，商讨应付办法，并与政府协商促成减税等行为。如1931的《申报》刊登的《各业请减营业税》一文记载，油漆业同业公会因苏省对紫檀红木业征收营

①《法租界紫来街红木器业联合向顾客道歉启事》，《申报》1942年8月29日。

②《红木业改订行规之县署布告》，《申报》1920年7月11日。

③《甬同乡会调解红木业争端》，《申报》1923 年8月28日。

业税，税额规定为千分之二十，请求准予减至千成之十为最高限度。[①]因为木器业牵涉上游材料业，需要政府出面召集木材业共同商讨，以便政策执行。再如1948年《申报》刊登《社局召有关各业商木器限价问题》的新闻，提到社会局召集木器作业、中式木器业、玻璃业、红木材料业、树柴业等工商业同业公会负责人谈话，共同讨论木器的限价问题，中式木器业提出中式木作的业务是制造及贩卖，大部分材料的供给依靠红木材料业及树柴业，如果材料不限价，势必会影响制成品的价格。因此，“树柴及红木材料二业必须遵照八一九限价售予中式木器及木作业”，另外“松段、梿树、椿树、据木、香桩木等原料产地价格逐渐高涨，由公会报请社会局转请各产地主管当局切实抑低”。[②]同月20日，社会局召集中式木器、木作及红木材料三业代表谈话，“商讨各该业成本以配合八一九限价。本周四并将会同前往察看材料，以决定红木材料业售予木器业之价格”[③]。

二、代表工匠与资方谈判

近代以来，工匠们普遍面临的情况是劳动时间长、待遇低下。因商号、工厂的裁员与倒闭经常发生，工匠们还时时面临失业的危机。工匠群体为了维持基本的生活条件，遂向作坊主提出要求。在要求无果的情况下，进而发起抗争。1911年《申报》记录了红帮木匠与作坊主之间多次谈判的过程：“红帮木匠因米价昂贵，议加工资，两记前报，兹悉前日傍晚各作主及各工匠仍在鲁班殿集议，作主一方已允加洋五分，而工匠一方坚持加洋角半，直至九时未决而散。”[④]之后屡经集议，“兹悉该工匠与各作主双主议妥，准加一角，计每工工资八角半，前日由工头某在鲁班殿签押议决，众工匠已一律照常开工矣”[⑤]。再如1940年《申报》刊登消息《本市木器业工人要求改良待遇资方

---

①《各业请减营业税》，《申报》1931年4月14日。

②《社局召有关各业商木器限价问题》，《申报》1948年9月18日。

③《社局召木器等业商讨八一九限价》，《申报》1948年9月21日。

④《美租界》，《申报》1911年9月19日。

⑤《工资小争执》，《申报》1911年9月27日。

已表同情》，上海市各帮木器业工人四千余人，因生活成本高涨，难以维持最低生活，持函面见上海木器业事务所各负责人，要求“照原有工资（不分等级）一律增加三成，并乞迅速实行”，后“闻该所负责人潘阿海、竺才根、许树舟等极表同情，当允于本月十六日起，照原有工资（不分等级）一律增加三成，各代表满意而归”[①]。

若行业组织与作头调解不成，引起罢工事件扩大，当地政府介入后，作头答应部分条件，使罢工事件得以解决。据1886年《申报》刊登的《木匠怀恩》一文记载：“昨纪木工恭送牌匾一节，兹悉宁绍沪三帮木匠，向章每日作头只给二饭一粥，工资每洋照衣牌抬价五十文，以致各匠积不能平，停工肇衅莫善惩。大令闻之，谕令作头逐日三饭，洋照衣牌并给，发谕单令鲁班殿董事常宗怡等照章办理，各工受惠良深，亟图报效，因凑资请董事制备牌匾、绣伞、衣帽以志铭感弗谖云。”[②]从以上资料可以看出，当地官员在事件解决过程中起到了主导作用。据1926年《申报》刊登的《木作工人工潮解决》记载：“木作工人因要求增加工资罢工……兹闻该业工人于昨日在鲁班殿开会时，公众议决向县署请愿。张知事亲询详由，允即代为调解，每工加至三角八分，故该工人于今日仍照常上工矣。”[③]再比如《红白木器工潮解决》一文记载：“红白木器业六百工人，前因工资纠纷，发生工潮，经社会局调解之下，已告解决。”[④]

当然，也有磋商不成，矛盾冲突升级，当局对罢工行动进行镇压，致使事态进一步恶化的事例。如1920年《申报》刊登《红木业代表请查工人要挟》：“红木帮工人前因米价飞涨，要求作主加增工资不遂，一律罢工。嗣经各代表出为排解，各工人已一律上工，兹经该业语袖代表林彦水等探悉，工人方面仍有聚众要挟情事，爰投淞沪警察厅禀控徐厅长，乃于前日饬派保安队长警协同该代

①《本市木器业工人要求改良待遇资方已表同情》，《申报》1940年1月1日。

②《木匠怀恩》，《申报》1886年2月1日。

③《木作工人工潮解决》，《申报》1926年6月21日。

④《红白木器工潮解决》，《申报》1947年6月10日。

表等，同赴各处查察，如遇肇衅之人立拿解厅讯办。”[①]再比如，1926年《申报》刊登新闻《五大作工人罢工风潮》：“无锡五木作工人于客腊岁底集议增加工资，推定高子凤为代表，呈准县署给示布告，每日每工涨定大洋六角，定于春间实行。中区分驻所巡官秦镜清以工人众多恐肇事端，立即带警前往弹压，而工人方面则以要求涨价事极正当，不应用高压手段。”[②]至晚上工人重新集合议论，决定不达目的决不退让，虽经作主一再进行疏通仍无效，导致事态不易解决。

三、积极组织爱国运动

民国时期，木工业同业公会等行业组织积极参与政治运动。比如支援武昌起义的活动：“昨日本埠水木业发出传单，略谓民军自武汉起义以来，义旗所指到处响应：光我汉族，还我河山……订于本月初六日午后一时就城内鲁班殿隔壁沪绍水木工业公所开特别大会，筹集捐款问题，屈时务候驾临，量力捐输。”[③]抗日战争爆发前后，同业公会面向会员广泛宣传，筹钱筹物。1928年《申报》刊登上海红木业小件工会为“九七”国耻纪念宣传，“要求取消辛丑条约及其他一切不平等条约，厉行抵制日货倒投降帝国主义的卖国贼”[④]。清末民初，随着国外资本进入国内市场，为了抵制外国商品的倾销，同业联合成立组织。位于鲁班庙附近前外小椿树胡同的“北平市新旧木器业同业公会”即在此背景下成立，这些同业公会在民国时期提倡使用国产木材、购买国货的运动中发挥了一定的作用。

①《红木业代表请查工人要挟》，《申报》1920年6月14日。

②《五大作工人罢工风潮》，《申报》1926年3月3日。

③《水木业筹集捐款之传单》，《申报》1911年11月24日。

④《废约运动宣传周之第一日》，《申报》1928年9月8日。

第五章　米珠薪桂：近代传统家具行业工匠的生存状况 ≫

随着工商业的发展和社会的变迁，近代城市的社会结构发生了相应的变化。大量农民群体涌入城市，城市工匠群体成为一个新的社会阶层并逐渐壮大，他们的生存与抗争，对社会发展和行业转型产生了重要的影响。

第一节　近代传统家具行业概况

一、经营情况

近代中国的木器业是一个工业化程度较低的行业，生产普遍沿用传统的手工操作方式，家具生产以分散的手工作坊和个体手工户为主，基本没有引入机器生产。据统计，1933年全国仅有12个工厂，全年工业总产值152万元，净产值占木器业全部净产值的6.4%。[①]这个时期的木器作坊基础薄弱，生产规模分散狭小，人数大概为1～5人，多数由以家族为核心的血缘、地缘结构组成。作坊的布局大都是前店后厂（图5-1）。较大的作坊有十几个工人，大部分为依附于商业资本或是以业缘为基础的具有合办性质的商铺，管理人员有掌柜、二掌柜、管账先生等，负责前店营业和后场生产。如“龙顺成”的前身“龙顺成桌椅铺”，东家就有三家，为了便于管理，“龙顺成”推行了经理人制度，聘请河北冀县（今衡水市冀州区）人邢绍荣担任经理，三家股东仅享受股东权利，不参与经营。在商业上，上海、广州等大城市出现以百货业为代表的经销方式，商家通过广告、杂志等载体进行宣传，倡导现代意义上的消费生活（见图5-2）。

图5-1　盛锡珊所绘民国时期的木器店

图5-2　泰山木器公司的家具广告（图片来源于《电影与妇女图文周刊》1936年第1卷2期）

（一）上海、苏州的红木家具业

上海规模较大的木器作坊、木作场与销售场所多分开两处，各种小器作则内部为作场、门面为销售。作坊内的工作以木工为主，附属工作有髹漆、雕嵌等。髹漆部分的工作，多包给漆匠。雕嵌即雕花与嵌花，是在红木本料

① 彭泽益：《中国近代手工业史资料（1840—1949）》第三卷，生活·读书·新知三联书店，1957，第814页。

上雕成各种花样，或在红木材料上挖空少许，而以他项物品如黄杨木螺钿之类，嵌入挖空部分，成为种种花样。在大作场有专门的雕嵌花司务1～2人，普通的作坊大多是外包给专营雕花嵌花业者。根据1909年《申报》刊登的《劝木器业》一文的记录，“他处不必说，单单把我们上海的木器店算起来已经有三百零五家，本国木器业有一百零七家，外国木器业有五十五家，贳器店有九家，红木作有五十三家，乌木作有七家，圆作有二十六家，铺子店有四十八家，总共算起来有三百零五家”①。至1928年，上海红木器具的营业“每年当有四百万元以上至五百万元之间，大小作坊约有四十余处，营业较大者每家约有工人十余人，小者不过三五人（如小器作等），平均每家以十人为标准，是红木作之工人至少当有四五百人上下，再加以雕嵌髹漆之工作，当在五六百人以上”②。在当时的手工木器业当中，红木作算是比较重要的行业。1930年以来，因内忧外患战祸不断，上海的木器行业经营困难。据《中行月刊》所记载的1933年上海的红木家具行业情况：“去年本埠全体红木作营业，异常衰落，为近四十余年来未有之现象，此等商号大小二百余家，全年营业总值不过二百万元，最负盛名之商号，如张元春、沈南昌、蔡宏大等数家，去年营业均未满十万元。主要原因，以该项物品，大概属于奢侈一类，在此民力疲弊之秋，其需要减退，自属不可避免之事实，加以年来西式木器着着侵入，致有今日不振之状态，以视往年全体营业动辄二千万元，至少亦有一千万元，诚不胜今昔之感也。”③至1938年，上海的南市区“情形凄凉，日用品价格奇昂。卖买如红木家具等，收进其价甚廉，每一红木大床仅售十六元，红木方桌四五元”④。苏州靠近上海，产地每套售价与上海相较，相差十分之三，所以上海需要高贵木器的富有人家，往往去苏州购置，即使每套家具约需要二十多万元的水路运输费，最差的木器全堂，需八十万左右，上等红木家具则需近千万元一套，按照平均二三百万元的木器计算，仍然划算，由此苏州的木器业曾有一段黄金时

①《劝木器业》，《申报》1909年8月23日。

②《调查：上海之红木器具业》，《经济半月刊》1928年第2卷第5期。

③《红木作之消长》，《中行月刊》1933年第3期。

④《南市情形凄凉》，《大美晚报晨刊》1938年4月9日。

代，“如红木家具产生最旺，乃为苏州”[1]。1942年的一篇文章《生意兴隆 红木业在苏州》中描述苏州红木业在兴盛时期的营业场景：“红木业在苏州，一向是很著名的，它们以护龙街之范庄前为大本营，其次的便是天王井巷了。这些家住店，鳞次栉比的密布了一条街巷，以待主顾的临门。置备红木器具的大宗主顾，除了嫁娶的人家之外，便只有那些暴发户了。苏州人有一句俗谚，称之谓喜事店。所以走进去的人，大都是笑靥满面之流。那店主东陪着满颜笑容，看这样，拣那样，招待客人选择，只要论价没有十分上下，一注生意经便很顺利的成功了。它们的好主顾，较大的一些木器店，数十万资本的老板，视为很平常的。就是做红木业的工人，它们的一切工资待遇，比较那普通的木作，要也优厚得多。所以范庄前、天王井巷，不但苏州人目为红木器的集会地，就是外地来的客人，也都素耳其名。因为它们除了选择原料之外，所有一切的打样、做工、揩漆等类，都能用精细的脑子，支配成最新式的出品，使得买客看了，样样会中意的。”[2]

（二）北京的红木家具业

当时北京的木器铺分为两类：一类经营硬木家具，以旧物改造为主，店铺名号一般为“硬木家具店”或“硬木家妆铺”；一类经营柴木家具，店铺名号一般为“桌椅铺”或“嫁妆铺”，其特点是结实耐用。因为靠近旧家具买卖的东晓市，鲁班馆附近集中了约35家传统木器商铺，包括龙顺成、同兴和、义成号、义盛号、义成福记、东升涌、同兴德、长顺德、源恒、元丰成、祥聚兴、广兴、兴隆、乞金贵桌椅铺等15家硬木家具店，占据了当时北京硬木家具店数量的一半。[3]硬木家具店中，以“同兴和”规模最大，雇工一百多人，在鲁班馆有三个店面，并自建了两层德式小楼；以“龙顺成”名气最大。除了木器铺，鲁班馆胡同还有一些与家具制作相配套的各种行业，比如提供锯材的木厂、打磨厂，制作铜包页、铜锁、铜钉锦等装饰件的铜匠铺。

①《苏州红木家具廉 富有者纷往购置》，《益世报（上海）》1946年11月18日。

② 尹文：《生意兴隆 红木业在苏州》，《海报》1942年8月5日。

③《北京工商业指南》，《北京市商会商业旬刊》1939年7月，第148-149页。

随着当时的国民政府迁都南京，在北平市场作为高消费行业的红木家具业更为衰落，作坊一度停工歇业。后来因战乱交通中断，原材料几乎进不来，做新家具很少，都是以修旧为主，或者以大改小，即把大的部件改成小的部件，比如说缺一条腿或者缺个枨子，就用其他的料来改成需要的部件。“木器集于东大市，率为旧式檀梨硬木，往往为旧家所售出者”[①]，货料的来源主要是到“晓市”（或称早市）或“打鼓的”那里购买。实际上，当时收取旧家具翻新后出售，也是无奈之举，并非按照所谓“古董家具”进行买卖。从1942年《申报》刊登《法租界紫来街红木器业联合向顾客道歉启事》中强调，“紫来街红木器同业均系自设作场绘样自造，对于旧货木器向不贩卖，是以识货精明之顾客多亲临光顾”[②]，可见一斑。

二、材料使用

中式家具用料普遍以国产木材为主，制作西式木器的木料，大多为柚木、麻栗、亚克等硬木进口材料。因1930年以来出现了大量的以进口材料替代国产木材的情况，此时以提倡国货为当务之急，并以提倡国货为救国唯一之要途，通令提倡国产木材木器。

“红木”一词，在文献中最早见于郑怀德所著《嘉定通志》：“红木，叶如枣，花白，所产甚多；最宜几案柜椟之用，商船常满载而归，其类有花梨、锦莱，物价较贱。”在后来的历史文献中红木也被普遍认为是一个树种，《古玩指南》中认为：“唯世俗所谓红木者，乃系木之一种专名词，非指红色木言也。”“木之一种”，指的是老红木，即交趾黄檀，“木质之佳，除紫檀外，当以红木为最”。据《用红木器具须知》中所言：“红木，南方名酸

① 据《北平市志稿·度支志》记载：“旧式家具，分硬木、柴木二种。曰硬木家具店的，亦称硬木家妆铺，最贵者为紫檀，无新材，惟用旧物改作，次红木、花梨、樟木、楸木。其工业有雕花、嵌牙石、玻璃诸多做法，磨光用锉草，加细曰水磨。全市约三十家，工人约三百，工资每月九元至十一二元。曰柴木，本地所产，若杨、柳、榆、槐，统名柴木，兼此者称桌椅铺或嫁妆铺，坚实耐用是其特长。其做法则去皮用心，烤令其干。全市共约百余家，店工约五六百人，工资约八九元。”见吴廷燮：《北平市志稿》（三），北京燕山出版社，1938，第495页。

②《法租界紫来街红木器业联合向顾客道歉启事》，《申报》1942年8月29日。

枝。色本天然。且其质坚牢。故人多喜用之。”[①]《调查：上海之红木器具业》中记载：“红木为乔木类中之一种良材，产于热带地方，吾国云南省亦有产者，木质坚而色微红，为制作上等木器之珍贵原料。……红木之原料多来自香港，亦有由产地直接输入者（如安南暹罗印度等处）。”[②]红木在上海市场上使用最多，据1926年《海关贸易册》记录，当年上海“红木花梨木之进口，共有九万数千担，红木至少占八万担，而花梨木占少数”[③]。此时市场上有“真红木”“香红木”“乡红木”之说，“香红木”与“乡红木”应同指大果紫檀，“红木花梨木，每担二钱三分”[④]，“真红木、香红木、花梨木俱出于暹罗……市价较呆，今查得其时价如下：真红木大料每担十二两，小料每担十两，香红木每担六两，花梨木每担十两”[⑤]，“各红木作均向进出口洋行购买，其价值以担计算，均分数等，最上等之材料每担进价约二十三四元，次者十七八元，又次者减至十四五元及十元上下，最次者俗称乡红木，其木理较老山材料粗松，每担值价不过四五元”[⑥]。从这些资料中可以看出，红木大料价格略高，小料与花梨木相似，香红木价格是真红木的一半。由于花梨木价格较高，市场上存在作假手法，如1929年的《申报》中专门介绍“假花梨木法”“假乌木法”等材料作假手法[⑦]。有时会使用“乡红木”充红木，“惟有时充用乡红木之处，如底板镶板之类，不露在表面者始羼入之，至小器作之所用材料，则以乡红木居多数，其用真红木者转居少数，所售价值、同一器具，乡红木之材料比真红木约廉十分之三，盖其进价低而需工亦少也”[⑧]。

---

①郑飞云：《用红木器具须知》，《大常识》1930年第213期。

②《调查：上海之红木器具业》，《经济半月刊》1928年第2卷第5期。

③《调查：上海之红木器具业》，《经济半月刊》1928年第2卷第5期。

④《改订通商进口税则》，《外交公报》1923年第21期。

⑤《红木花梨木之时价》，《申报》1926年8月23日。

⑥《调查：上海之红木器具业》，《经济半月刊》1928年第2卷第5期。

⑦《假红木之漆法》：《申报》1929年4月10日。

⑧《调查：上海之红木器具业》，《经济半月刊》1928年第2卷第5期。

三、新式木器的冲击与振兴工艺运动

近现代家具产品以中式家具为主，少数几个沿海城市生产西式风格的家具。尤其在上海，中式风格的家具明显受到西式风格的冲击。上海最早的西式木器家具业，最早可追溯到同治年间由西方人在南京路四川路转角设立的“福利西式木器公司”。据《上海之木器业》记载，福利公司所制造的新式木器，式样美观，移动轻便，“故与笨重之中式相较，大有天壤之别。由此，国人皆以中式而就西式，福利在上海之营业大盛，中式木器业营业亦由此而一落千丈矣。又数年，泰昌、道兴亦相继成立，迄今上海之西式木器店，遍地皆是”[①]。至民国后西式木器店逐渐增多，“盖以东城外人及国人用西式家具者日益增多故耳”[②]。当时上海北京路出售的木器为中档产品，高档产品当属四川路上的毛全泰、水明昌以及南京路等数家，其中以毛全泰慎泰经营西式家具最为成功，至1923年时其规模达到600多人：“近年本埠西式木器业颇形发达，而工作之美亦不亚欧美，其中尤以毛全泰慎泰一家为最佳，毛全泰创办以来已有三十余年，起初江湾路之厂屋不过矮屋数椽，今则已佔地十六亩，内部设备亦渐见完美，日事工作者达六百余人。”[③]因西式家具在上海等地的流行，有些经营高端木器的作坊开始用红木、紫檀之类的贵重材料制作西式木器，如《红杂志》刊载的小说《哀情嫁后之回忆》中对起居室的描述，“宜多置西式器具，取其便适，然必以中国产之老红木或紫檀木仿西式为之，

图5-3　毛全泰木器号之新屋

①《上海之木器业》，《立报》1935年12月22日。

②《汇闻》，《经济半月刊》1927年第1卷第2期。

③《毛全泰慎泰经营木器业》，《申报》1923年9月25日。

取其质坚耐久，如周鼎商彝，自令人穆然生典重之思”[①]。在新式木器方面，清末《顺天时报》刊登一则《瓦木工开会研究纪实》，记录了当时旧工艺木器因价格原因受到新工艺木器冲击的情况：“本埠瓦木两工假工商总会开会研究，于月之初四日晓计该工共到廿余人首，由木工会长提议。现时新工艺之木器与旧工艺之木器互相倾轧，因此，新工艺只求精巧不求坚固，旧工艺求坚固不求精巧。及销售时贵贱悬殊，所以用主对于旧工艺价格过抑，因之闭歇者不少。”[②]据1937年出版的《国际贸易导报》对中国木器业逐年衰落的原因进行了分析，认为其中一个原因是“新式木器抬头”[③]。

在西式与新式木器的冲击下，当时的有识之士希望通过提倡传统中式风格与振兴工艺来救济民生，近现代中国家具风格的变化体现了从全面西化到对中式风格的再认识的复杂历程。首先在提倡中式风格上，民国时期留美学者王国秀在《中国评论周报》谈道，“中国输出之装饰品中，瓷器居第一位，漆器居第二位。至于漆器，亦为英国富厚家庭之装饰品。英国所制者，亦完全是仿造中国式样”[④]。《申报》记录了1946年古代中国家具在纽约展览的情况：“古代中国家具，今陈列于此间博物馆，以供对东方家具设计及优良家庭布置深感兴趣者参考，此次展览者为十八世纪之中国家具百十五件。”[⑤]1936年发表的《常识：家具的构成》一文中，对中国民族家具的特征进行了总结：“中国的民族性是和平而谦让，所以造就家具的形式也多平坦而含柔的曲线，并无矜持的色彩。”[⑥]中式家具审美的回归，与当时提倡国货的社会氛围有密切的关系。先施百货公司在《申报》刊登《先施提倡国货近讯》一文，提出“香港先施百货公司自属文辉氏署理司理后，对于营业锐意刷新，并极力提倡国货。今特设国货礼品部，以资展览。游历团中有美国家具行商报主笔高士氏对于中国式家具大为

① 王西神：《哀情嫁后之回忆》，《红杂志》1924年第2卷第25期。
② 《瓦木工开会研究纪实》，《顺天时报》1910年12月15日。
③ 《中国木器业逐年衰落》，《国际贸易导报》1937年第9卷第2期。
④ 王国秀：《艺展预展第廿六日》，《申报》1935年5月4日。
⑤ 《我国古代家具在纽约展览》，《申报》1946年2月24日。
⑥ 《常识：家具的构成》，《工学生》1936年第2期。

赞美，声言回美后，当撰论著宣扬中国工艺，俾彼国工艺家知所借镜”[①]，表明提倡国货的立场。1923年《申报》刊登先施公司的一则广告《派员采办之粤货开始运到》：“日前派员回粤采办货品现已开始运到……红木如书楼椅、西式家具工作玲珑，雕刻精美，可见中国工艺不亚欧西，定购者甚为踊跃，尤以西人居多云。”[②]1931年《申报》刊文：“吾人在日本处处见日人所用皆细红木家具，无人无时不用之，若小几佛坛尤为普通。昔以为日本所出，嗣乃知完全出于华人之手，其木料出于南洋，而制造地为广东、上海，乃华人一种大出品也……由此观之，华人工艺亦天然发达也。可惜不知进步方法耳。”[③]

其次，在振兴工艺方面，深感于中国工业与工艺的落后，1933年《申报》刊登《豫省封丘陈留请赈》，提出封丘县所拟办法是设办工厂：“查封丘偏僻小邑，人民多以农为业，一遇偏灾、几至束手待毙，工艺素不讲求，游惰之民尤多。现值商战之秋，更应以工艺为基础，非讲求工艺无以救济民生，拟垦设办工厂，延聘男女技师，分染织、木作、竹作、草帽辫、肥皂、洋烛等类，招灾民男女青年，分门学习，以现时论，即可以工代振，以永久计，藉可以兴工业，将来人人得以自立，游惰之民自少，谚云‘家有千万，不如薄技在身’，信不诬也。”[④]除了振兴实业，在工艺教育上，教育界也做了切实的努力和探索。1934年《申报》刊登《职业教育须适合地方之需要》，认为现在设置学科忽视旧有的手工业，对于有较大社会需求的手工业缺乏专业研究和专门技术人才的培养：“工科学校及工艺学校，则偏重新式欧美工艺者居多，提倡我国旧有工艺者殊少，即多注重机器工业，而忽略手工业……若家具木器制造、砖瓦石灰制造、竹器藤器工业、五金器具工业，以及制瓷业、陶器业、漆器业、皮革业、刺绣业、牙刻业等，皆基础已具，社会需求甚殷，乃既乏专校以供研究，又无专科以造就技术人才。”[⑤]

①《先施提倡国货近讯》，《申报》1931年4月12日。

②《派员采办之粤货开始运到》，《申报》1923年4月17日。

③《南洋游记》,《申报》1931年2月21日。

④《豫省封丘陈留请赈》，《申报》1933年10月6日。

⑤《职业教育须适合地方之需要》，《申报》1934年1月6日。

第二节 近代传统工匠的生存状况

总体而言，与同时期具有近代性质的工厂相比，家具行业仍属于手工业范畴：设备简陋，以手工作业为主，劳动生产率低。工人工资收入普遍较低，其基本的生活保障受社会环境、市场波动影响较大。一旦物价上涨尤其米价波动，工匠生活就会受到严重影响。

一、生存状态

"米珠薪桂"[①]为当时工匠与资方谈判时要求提高待遇的主要原因，并屡屡见诸报端，如"佥以近日米珠薪桂，不敷生活"[②]，"百物突飞猛涨，米珠薪桂，生活程度日高，致原有所得工资实不能维持赡养"[③]等；再如1920年《民国日报》刊登《红木匠因米贵罢工》消息，直陈"前日米价，已十斤以外，昨日又有红木作之温台州帮工人罢工。各作主因米贵，饭食已经吃亏。若再增加工资，则粮棉受亏，作场亦不能立足，故据是理由拒却"[④]；1929年《申报》刊登红白木器业工会的来函，在信中木器业工会对于《申报》本埠新闻中载有"为吃饭而起衅"一节提出质疑，认为"与事实不符，恐外界不明真相，亟待声明"[⑤]。自20世纪30年代以来，情况急转直下，很多作坊面临倒闭，有些作坊主陷入困境。如1934年《时报》刊登一则《红木作主服毒生命可危》的消息：三十岁的温州人许学奎，"筹集数百元，在蓬莱路上海县对过开一红木作，营业不甚发达，日前宴出外，两夜未返，其家人四处查

① 出自《战国策·楚策三》："楚国之食贵于玉，薪贵于桂，谒者难得见如鬼，王难得见如天帝。"见刘向：《战国策》，大众文艺出版社，2010，第72页。

②《五大作工人罢工风潮》，《申报》1926年3月3日。

③《本市木器业工人要求改良待遇资方已表同情》，《申报》1940年1月1日。

④《红木匠因米贵罢工》，《民国日报》1920年5月31日。

⑤《来函》，《申报》1929年10月25日。

询，毫无下落，昨宴七时许，突然归家，面呈黄色，似曾服毒，其妻盘询，坚不肯说，乃将其送入医院，医生验得系服鸦片，毒势非轻，生命可虞”[①]。再如南市大东门年仅26岁的云永兴红木作主韩进生，“近受战事影响，致店中生意清淡，负债千余金，经济窘迫异常，且父母早故，举目无亲，遂萌厌世之念，于本月十三日下午四时许离店外出”[②]。从以上史料中，大概能够看出当时家具工匠所代表的城市手工艺从业者所面临的生存困境。

二、工资情况

工资方面，工匠工种、等级不同，其记工方式也不相同。《市政月刊》刊登《木作及木器工场》中，将木作分为三类，一类是装修作，即建筑业中关于房屋的木材加工，包括家具；一类为船匠，以造船为业；一类为方头作，即制作棺木。[③]《红木器业劳资双方签订条件》将木作工匠归为木工部、雕花部和锯木部三种。[④]其中，木工分为建筑工、圆木工、板木工、家具工及配材等数种。家具工又可细分为洋式家具工、紫檀家具工、紫檀细工等，当时也有按照材料将家具工细分为造硬木家具者、造松木家具者的情况。工资的差别主要体现在技术的复杂程度与难度上，一般来说工资最高者为家具工，“他们的工钱，要算做家具的顶贵，项多的每天可得一元四角；普通无手艺的粗工，就便宜得很，每天三百文上下，论月的每月不过三元”[⑤]。据《中国近代手工业史资料》中记录，“一日一元四角，最低约三百文左右，一个月收入不过三四元”。通常工资的计算方式分为计件和计时两种：计件，即按照数量计算工价，也称为“包工制”。独立从业的木工一般也采用计件方式，“工价是看活的大小，当面说定。大约一件零活，可得几个铜子。一天工夫，也能挣个三吊五吊”[⑥]。计件工资要高于计时工资，如1924年工人要求增

① 《红木作主服毒生命可危》，《时报》1934年10月20日。

② 《红木作老板困于经济自杀》，《时报》1932年8月23日。

③ 《木作及木器工场》，《市政月刊》1932 年第5卷第6期。

④ 《红木器业劳资双方签订条件》，《新闻报》1927年10月16日。

⑤ 李次山：《上海劳动状况》，《新青年》1920年第7卷第6期。

⑥ 李幽影：《北京劳动状况》，《新青年》1920年第7卷第6期。

加工资："按月的工资由五元至十元；计件工资，一个工人每月最多能得二十元，按月计工资的工人现在要求增加工资百分之三十五，计件的要求增加百分之四十。"[①]当时采用计件制较多，实际上不论以何种方式都是按照工人的熟练程度，再参考同行的情况确定："其作场之工作，如某件器具（床或橱）包工若干日制成之，给工值若干，如日数不敷，即由工人赔垫，日数有余，亦由工人获利，惟工作亦有一定程度惟标准，如不及格者，须令重行改良，不再给值，或扣罚工资以抵销之（但近来已少见罚工者）……其有按工计算者，亦视其工作之优劣而分别多少，每工约在四五角上下，高至六七角间。小器之工作亦多用包工制，工值与大营业者略相同，但大件器具工作繁，每件包工者若干日，小器之工作简单，每日包出若干件，为稍异耳。"[②]计时可分为日工和月工，日工为做一日算一工，月工的工资按月计算，每日的工钱也是根据手艺的水平确定数额。表5-1所示体现了广州酸枝花梨笋头行工会工资情况，根据技术水平将工匠分为上中下三等。有些在家具铺内做工的细木工，其工资以所造家具的价值而定，"如造番红、桑丝、楠、樟等硬木家具者，每日工资约四五百文，造杉、梌等松木家具者，每日工资约三百余文，饭食由店东供给"[③]。一般临时聘请的普通木工工资较低："每人每日工资台伏银一元一二百文，辅夫每日以双工计，雕工每日以工半计，锯工工资则按其锯木之多寡计算，如锯成木块满一平方丈者给资一元二百文，平均每人每日亦可得资一元数百文。各工人工作利器皆系自备，饭食则由接主代备，每日三餐，此项膳费每日作为四百文，统在工资内扣除。"[④]工资的发放一般是在每节的节边（五月节、八月节、春节），但在木器铺很多时候不能按固定

---

① *The Chinese Economic Bulletin* 167（1924）：10. 见彭泽益：《中国近代手工业史资料（1840—1949）》第三卷，生活·读书·新知三联书店，1957，第307页。

②《调查：上海之红木器具业》，《经济半月刊》1928年第2卷第5期。见彭泽益：《中国近代手工业史资料（1840—1949）》第三卷，生活·读书·新知三联书店，1957，第307页。

③《汇闻》，《经济半月刊》1928年第2卷10期。见彭泽益：《中国近代手工业史资料（1840—1949）》第三卷，生活·读书·新知三联书店，1957，第326页。

④《汇闻》，《经济半月刊》1928年第2卷10期。见彭泽益：《中国近代手工业史资料（1840—1949）》第三卷，生活·读书·新知三联书店，1957，第326页。

的时间发放，要等到卖了货、柜上有了钱才能发。

表5-1　广州酸枝花梨笋头行工会工资指数表（见《农工旬刊》1928年第7期）

年份	上等		中等		下等		几何平均
	日		日		日		
	工值	比价	工值	比价	工值	比价	
民国元年	.50	100.0	.30	100.0	.15	100.0	100.0
民国二年	.50	100.0	.30	100.0	.15	100.0	100.0
民国三年	.50	100.0	.30	100.0	.15	100.0	100.0
民国四年	.50	100.0	.30	100.0	.15	100.0	100.0
民国五年	.50	100.0	.30	100.0	.15	100.0	100.0
民国六年	.50	100.0	.30	100.0	.15	100.0	100.0
民国七年	.60	120.0	.40	133.3	.20	133.3	128.7
民国八年	.60	120.0	.40	133.3	.20	133.3	128.7
民国九年	.60	120.0	.40	133.3	.20	133.3	128.7
民国十年	.60	120.0	.40	133.3	.20	133.3	128.7
民国十一年	.60	120.0	.40	133.3	.20	133.3	128.7
民国十二年	.70	140.0	.50	166.7	.30	200.0	167.1
民国十三年	.70	140.0	.50	166.7	.30	200.0	167.1
民国十四年	.70	140.0	.50	166.7	.30	200.0	167.1
民国十五年	.98	196.0	.70	233.3	.42	280.0	233.9
民国十六年	.98	196.0	.70	233.3	.42	280.0	233.9

三、生活情况

起居方面，工人大都住在工场，工人的膳食由柜上供给，条件较好的作坊，每日三餐，一粥两饭。据曾在“义成福记”工作的李永芳师傅回忆，“柜上没有固定的宿舍或者床铺，有睡在阁楼上的，或者睡在凳桌板上。工人一人一个铺盖，晚上就在白天干活打的楞板（工作台面）上睡觉，经过简单打扫，铺上铺盖卷就睡觉了。如果货场子里有床，就抱着铺盖卷出来在店里睡。赶在天明之前就起来了，把铺盖收拾起来搁在一边”。晚清民国时期这种没有固定住宿的情形相当普遍，为了节省开支、增加劳动时间，从工场到商店，各个行业基本都有就地而食、就地而卧的状况。

工时方面，手艺工人长期以来养成了勤劳耐苦的习惯，“大都日出而作，日入而息，无一定之工作时间”①。因为大多采用包工制，“故工人做工多不规定时间，大概自上午八九时至午后五六时止，饭食多由场主供给”②。一周工作七日、整日工作为当时行业的惯例，如北京各同业公会规定“制造货物的工匠，平均为十一小时”③。木器铺的情况也基本如此，无论做什么工作，工作时间每天都在十小时以上，干活也没有固定的钟点，大概从早晨六时起至晚上六时，中间只有午饭以后能休息一会。据1920年《新青年》刊登的《上海劳动状况》介绍上海的木作工人，“他们的工作时间，大概每天十二小时，实没有一定，有的做到十五小时不等的”。1927年《新闻报》刊登《红木器业劳资双方签订条件》，记录了中西红木器业劳资双方调和会的结果，其中对日工的工作时间进行了限制，“日工夜工之工作时间照旧处理，每日以九小时至十三小时为度”④。

假期方面，除了每年的五月节（端午节）放假一天，八月节（中秋节）放假一天，年节放假六天（除夕至初五）之外，工人在平日里没有休假。每年中秋节后为忙碌的时候，晚上还需要加几个小时的班，按工的都照加工资，论件的休息比较自由一些。但是无论论工还是论件，一天不做就损失一天，所以除疾病之外，工人不肯轻易休息。只有自端阳到中秋的一段时期，可能会无工可做。初六日开工后，整理一两天，到初八日就得干活了，有

① 彭泽益：《中国近代手工业史资料（1840—1949）》第三卷，生活·读书·新知三联书店，1957，第273页。

② 同上书，第312页。

③ 同上书，第814页。

④《红木器业劳资双方签订条件》，《新闻报》1927年10月16日。

“赖七不赖八”之说。

第三节　近代传统家具行业的学徒制度

学徒制度是传统手工业生产的一个特点，对于保证生产的稳定和技艺的有序传承发挥了重要的作用。根据地方习俗及行业的不同，学徒入门的规矩各不相同，但一般都需要有熟人保荐。近代木器铺的劳资关系是建立在这种长期以来形成的以血缘和地缘为联系的基础上的，老板、工人和学徒之间，大多存在着一些亲属或同乡的关系，这样从业人员能够比较稳定。即使一时行情不好，发不出工钱，工人也能坚持一段时间。

一、学徒的工资情况

尽管因为行业的性质，木器业不可能如地毯业、织布业等大量使用学徒，但为保护从业者的利益，同业公会对新学徒入班制定了严格的要求，如出一进一，不得寄名重带等。学徒一般以三年零一节（一年分为三节，即端午、中秋、除夕）满业为条件，有的另加送师一年。学徒工作在十五六个小时以上，学徒期间不挣工钱，柜上只管饭，衣物自理，年终时掌柜根据经营情况赏赐。学徒一开始学不到技艺，先干粗活，即“打扫活”，给柜上的师傅打下手，在此过程中观察并学习技艺。除了工作上的事，学徒还要负责柜上的一些杂活，比如做饭的工作。学徒刚满业时工资很少，尽管每年能有小幅增加，总体来说待遇是比较低的。当时在木器铺有个歌谣，“初二、十六，木匠吃肉，一个人四两，二八折扣，掌柜的要吃饱，先生要吃够，师傅喝点汤，徒弟挨顿揍”，说明当时学徒的生活比较艰苦，即使农历每月初二、十六各轮荤一次的待遇，也基本享受不到。铺中所用工人，有长工、徒弟、短工之分。长工每月工资由八元至十二元不等，每日由铺供食米饭、馒头、粥各一额，每月每人约需膳费六元，工作时间为十小时，如加夜工四小时须如半资，并须供食切面一顿。工徒学艺期内，每月约给二元以上之费用，满师后，其工资由六元起码，逐年增加。如温州地区的木匠，“大多以四年为满师之期，在未满师前，出外工作所得工资，皆由其师取得，并不津贴学徒，间有逢年节略给鞋袜费者，其数甚少，惟满师之后，则可自己营业，帮师费不过二元”[①]。长工徒弟均住宿铺内，工具均由铺中提供。短工工资，每日九角，雕花工作，每工工资亦九角，食费在内。锯木的工作系另雇锯工为之，其工价按尺论，“如锯开长八尺宽一尺之木块，即以造工一尺计算，现东洋榆之锯工，每十尺为八角，椴木、红松、白松则均七角”[②]。

旧式手工业中存在着一定程度的对学徒的剥削：“至旧式工业即各种手工业，其学徒之学习期间，大多均以六年或五年为标准，如泥匠、木匠均以六年，染工、漆工、银匠等均为五年，其他各业亦多如是，盖旧式工业之学徒，不似新式工业有人为之教导，且期限展长，为之师者可以多得利益，盖各手工业之工作，学徒聪俊者一二年后即可学成，此时若出外就雇（如成衣、木工、水工等），其工资与伙友无异，是项工资例为其师所得，学徒不能分沟，学习时惟饭食由师供给，此外每年略予津贴，必待满师以后，始得自由出雇。”[③]由于当时行业中所公认学徒期间不给报酬，因而在经济困难时期，有的作坊以招收学徒为名，大量招收童工，使用廉价劳动力。各业“往往多谓家数太多，出货不能畅销，欲减轻工本，竟谋多招学徒，以省工资”[④]。为防止不正当竞争，维护木工的待遇和保证学徒的各种权益，行业组织制定了行规。据1920年的《时报》刊登的《红木作同业又起龃龉》，提出了行业中存在的这种问题：“浙瓯温州帮旅沪营业红木制造作，南市现有三四十家，闻该同业各作每经人绍介，习艺学徒，允洽后定满师期限，聪敏者三年，愚笨者四五年不等。在此学业期间，由各作主供给饭食，如资性聪

① 彭泽益：《中国近代手工业史料（1840—1949）》第三卷，生活·读书·新知三联书店，1957，第344页。

② 《汇闻》，《经济半月刊》1927年第1卷第2期。

③ 《浙省钱江流域劳工状况调查录》，《中外经济周刊》1927年第199期。

④ 《北京工商业指南》，《北京市商会商业旬刊》1939年6月。

颖，学未几时能知制器大概，得有工资者亦归作主核受，由来已久。距料近时有该业各作伙，以学徒偶有问其习艺方法，遂意存觊覦，倡议谓嗣后学徒应由其主管指教，所得工资亦归其享受，即由其认贴作主饭食，甚至嗾令半途告退，或走避，随其令觅作场业务，沾润利益事已发现数次，经各作主知悉作伙等（即谓司务），如此行动诡谋实系存心破坏向章，妨害公众营业，长此以往，关系至大。”[①]1927年《新闻报》刊登了《红木器业劳资双方签订条件》，其中第九条规定：“店方雇用学徒，名额每一工人得两年雇用学徒一人，用二名至四名工友者，得每年雇用学徒一人，十工人以内者，每年得雇用学徒二人，以此类推。”[②]

二、学徒的生活状况

从当时学徒的同龄人所写的文章《红木店里的学徒》中，可大概了解当时学徒的工作和生活情况：“学徒的家境都个个是穷苦，所以把十几岁的小孩子送去做红木店的学徒。学徒的工作除替师母泡水、抱小孩外，空下来就要做算盘工作。在冬天的时候，西北风呼呼吹的很紧，他们穿着肮脏而单薄的衣服，赤着脚在门口擦算盘子。在夏天的时候，他们在强烈的太阳光之下，一手拿着蜡不停地在算盘子上摩擦，还加上火光极强的风炉下烘蜡。那真是热呀！在工作的时候，一不留意做错了事，就受师傅的打骂，然而学徒们因经济的压迫，无法可想，只得忍受主人的骂打，谁敢反抗呢！”[③]这里说的算盘工作，属于红木小件，因打磨擦漆以及零碎的工作较多，使用学徒数量最多。学徒出徒后，自身的待遇与身份在作坊中会有一个较大的转变。如“同兴德”号的张如峰在学徒期满之后，由于柜上发不起工钱，又不能一直拖欠，经与掌柜商定，将欠的工钱算作入股，等将来家具卖出去再分钱，这样张如峰与师兄张跃振、魏栋才都成为同兴德的股东。也有学徒出徒后，因其心理预期与现实有所差距，与作坊主、同场其他师傅会发生纠纷的

---

① 《红木作同业又起龃龉》，《时报》1920年4月30日。

② 《红木器业劳资双方签订条件》，《新闻报》1927年10月16日。

③ 继昌：《红木店里的学徒》，《新女性半月刊》1940 年第1卷 第2期。

情况，这从《益世报（天津版）》刊登的一则案件中可见一斑：位于城内龙亭的同顺成木作铺聘有南宫人张兴昇为工师，工徒白金榜一名，白金榜学徒期间“性甚傲，不甘屈居人下，徒以阶级所限，敢怒而不敢言”。学徒期满后，作坊主认为其没有大的过失，按月付以薪工二元五角，以资酬劳，开始按照工师的待遇对待。而张兴昇认为白是本屋的徒弟，指挥已惯，白虽然已经成为工师，而张则仍按照往常学徒对待。“白不服，思趁机而发，十二日上午十一时许，白张正在工作，白竟将有大用之木，锯成小块，张以其大材小用，殊为可惜，力阻之，声色俱厉，白大怒，口角多时……”①，终至造成血案。

①《公安局讯办》，《益世报（天津版）》1930年12月13日。

第六章　传统与嬗变：传统家具行业的现代发展与技艺传承

1956年公私合营之后，全国仅保留广州、苏州、北京三家家具生产企业，出口创汇成为当时企业的一项重要任务。现代意义上的传统家具生产始于20世纪70年代，首先从具有传统制作工艺基础的一些沿海地区开始，形成一些使用当地材料制作传统家具的手工生产作坊。20世纪90年代兴起的家具收藏热潮促进了传统家具产业的发展，过去的手工作坊快速扩张为具有一定规模的、有批量生产设备的家具企业。

第一节　现代传统家具行业的发展

据统计，2016年我国有红木制品生产与销售企业近15000家，年产值达900亿元人民币。[①]除北京、苏州、广

① 毛传伟：《2016—2017我国红木行业发展状况》，《中国人造板》2017年第5期。

州等传统家具产地之外，广东中山大涌及江门、福建仙游、浙江东阳等地形成了具有规模的传统家具产业集聚区域。截至2018年底，中国家具协会命名或共建的红木家具产业集群共计11个，包括了全国传统家具产业80%以上的生产企业，集群效应显著。据《2017中国家具年鉴》统计，东阳全市红木家具业有近9.5万从业人员，2756家企业规模经营，年产值达157亿元。从行业特点来看，传统家具企业以中小企业居多，加工设备投资小且效率较低，属劳动密集型产业。

经历了发展期的扩张，传统家具产业出现了产能过剩、同质化发展等突出问题。随着经济结构的调整，传统家具产业必然面临创新发展的转型期，具体表现在：第一，中国红木的主要原材料进口国相继出台红木出口禁令，原材料资源日益紧缺，倒逼红木家具企业提高产品附加值；第二，消费者从盲目消费转向理性消费，对材料的重视程度有所下降；第三，红木家具行业进入深度调整和细分的阶段。从产品风格上来看，随着信息的快速传播和人们的生活方式、居住环境发生了很大的变化，传统观念上的“京作”“苏作”“仙作”“广作”等地域性区分不再明显。传统家具行业的产品风格趋向多元化，有原汁原味保留传统家具韵味的高仿家具，也有根据现代审美意识重新设计、更加贴近生活的“新中式”家具，传统家具产业在发展中正逐渐形成自己的特色。

一、“新中式”家具

如爱德华·希尔斯在《论传统》中所说，传统在延续的过程中会经过分离、削弱、衍生的变化。传统家具在发展过程中，因为生活方式、生产方式的改变，亦不可避免地发生变化，“新中式”家具即是这种变化的产物。需要指出的是，“新中式”并非严谨的学术概念，而是当下市场上约定俗成的一种家具风格的统称。从广义上来说，相对于传统中式（高仿）家具需遵循工艺器物的基本程式、技法与题材都有一定的规范而言，任何传统元素在家具上的转换性的应用都属于“新中式”的范畴。因而，“新中式”家具风格是丰富、多元的。

在设计上“新中式”家具不应局限在中式符号的堆砌上，而应从本源出发，挖掘文人生活的精神内涵。“新中式”家具还应更重视生活实用性，工艺与纯艺术最大的差别在于作品是否具有实用功能。柳宗悦在《工艺文化》一书中认为，工艺的器物之美离不开“用”，生活中的器物所体现的美，就是工艺之美，器物具有工艺之美才能得到最高的评价。比如李渔在《闲情偶记》中记录了他设计制作暖椅的构思：在椅子下面设计一个抽屉，抽屉里面放置炭炉。从这个角度讲，“新中式”家具应该是可用、耐用的，或改善现有物的使用缺点以激发使用者的使用欲望，最终呈现与生活相结合的“用”的精神内涵。从另外一个角度讲，“新中式”家具要体现“用”，还需要人们能买得起、用得起，成为生活的必需品，因而需要在结构、生产工艺上进行调整以适应现代化工业生产。“新中式”家具的材种未必重要，重要的是材美工巧，重要的是要进入寻常百姓家，融入当代人们的生活。

二、从古代典籍中看中式生活

现代人对于中式生活的理解大概是通过文人墨客的散文来感知。与西方的生活方式相比而言，中式生活更关注人与物、人与自然、人与自我的思考。特别是明末清初的文人以其本身的生活情景为题材，通过对物的把玩与欣赏和对“以物载道”的生命体悟，创作出中国文化中特有的生活知趣。因而，“以物载道”“以情说法”是中国文化思想的重要议题，也是中式生活最为直接的参考要素。以“物”为载体的著作，以明末文震亨的《长物志》和李渔的《闲情偶寄》最具代表性。

关于《长物志》书名的含义，文震亨解释为：“长物，本乃身外之物，饥不可食、寒不可衣。然则凡闲适玩好之事，自古就有雅俗之分，长物者，文公谓之‘入品’，实乃雅人之致。”从其所言，“长物”之意不是有具体的实用性的物品，仅仅是一种闲玩的娱乐之物，其实暗含的是中国文人特有的生活品位，也可以理解为中国人对于生活方式的情感与趣味的诉求。所谓的“长物”是多余之物，抑或无用之物、奢侈之品，正是这种“长物”之趣构建了中国文人对于生活的理解与精神的寄托：从“长物”所营造的审美，从生活所汲取的精神，将传统家居生活的情、趣、味、志，以“长物”之心寄托于生活的精神情感。若说《长物志》是对文人雅士闲适安逸的生活的描绘，不若说其代表着中国人对于生活最真挚最朴实的愿望——有所趣之物聊以度日，有精神之所以观心自在。如若将外在的生活看作是生活的必需品，是经济社会下追求人生价值的直接方式，那么家居生活带来的舒心才是真正意义上精神的止泊之所、灵魂的精神家园。把人生的重心从俗世中退出，从公共开放空间退隐至私人领域，通过经营园林、书斋、茶寮等新的生命活动空间，以花木、水石、禽鱼、书画、几榻、器具、衣饰、蔬果、香茗之类无关生产的“长物”为基础，凭借对这些非日常使用的物的摆设、赏玩、品评等活动，在新的时空概念下建构“闲雅”的生活。这是一个相对于现实世界的“精神空间”抑或是“文雅境界”。在这样的精神空间里，人们更能觉察到精神的自由与生命的超脱。《长物志》带给人们的不仅是对于“长物”的闲玩闲适的喜爱，更多的是一种生命精神的悟道，一种生活形态的隐喻，一种中国传统文化的核心要义，即“格物”精神。

相较《长物志》而言，李渔的《闲情偶寄》关键在于懂得一个“闲”字，所谓“闲”是指以诗意闲适的态度生活。如果说《长物志》以“物”营造了一个为人们所感怀的精神世界，《闲情偶寄》则描绘了一个将“情”作为生活方式的情感世界。特别是在明末清初时期，“唯情论”成为文人的创作思潮，“闲情”所感怀的是寄物于情的生活情趣。《闲情偶寄》弥散着风花雪月之气息，尽显风流名士趣味的非主流思想；是一种封建礼教下人文思想的解放，是将“情”立于“理”之上，将人的真挚情感立于传统的理法之上，将物之奇美精巧与人的七情六欲相融合，以到达以物传情的心灵世界。正是这样一种“闲情”的执念，导致后世对李渔的评价一直处在两种极端：爱之者赞他是韵人、雅人；恨之者骂他龌龊、逢迎、名教罪人。他所建构的是生活中的林林总总的情感体悟，以一种闲情偶识来抒发对于生活本身的情感寄托，这便构成了当下中式生活最为关键的生活所依——“情”。

从民国时期的文学作品《哀情嫁后之回忆》中亦能看出传统文人的审美取向：“然瓶花妥贴，棐几精严亦不至凌乱无序，惟插架之书，则欧美小说与唐人之诗集、宋人之词谱、元人之曲稿，杂置一处。有同青山之乱叠，郎每为侬鳞次而栉比之，使侬检读时，有得心应手之乐，更为侬评泊阁中陈设某处宜置竹炉、某处宜安酒铛、某处宜支琴桌、某处宜张画屏，补壁之具多以名人书画为之，从不阑入伧楚一笔致成疥壁，春日之画以白云溪外，史恽南田所作之花卉为多粉艳脂柔，与窗外万紫千红相映……逸趣横生，觉春光撩乱几案间，胜于九九消寒图多矣，四时书幅各应节令，入吾室者无季不宜，可以卧游，可当坐隐阁后一小室。”①

第二节　现代传统家具行业的生产模式

一、工厂化的垂直管理模式

在现代传统家具的生产中，机械的使用比例较高。据“苏作”家具传承人许家千介绍，目前传统家具行业的机械化率达到50%以上。现代化的机器加工显著地降低了生产成本，单就价格而言，基本依靠手工完成的传统家具显然很难与其进行竞争。随着技术的不断发展，传统制造行业中依靠手工操作机械逐渐被高精度、高效率的数控机械所替代。目前，传统家具中的榫卯结构经改造后基本都能借助数控机械加工完成，这为传统家具实现批量化生产提供了技术支撑。然而，要拥有机械就必须有资本，也要承担相应的风险，这显然是大部分普通手艺人所无法承受的。因此，在传统家具制造行业较为明显的一个趋势是，工厂普遍引进干燥箱、精密锯、刨床、吊锯、万能锯、雕花机、开榫机等机械生产设备，生产从分散的家庭作坊加工转向垂直管理型的工厂加工，人员从家庭作坊转移到工厂。

① 王西神：《哀情嫁后之回忆》，《红杂志》1924年第2卷第25期。

二、产业集聚区域内的分工与合作

与国内其他红木产业聚集区的规模化、工厂化的生产方式不同，河北省大城县的众多企业在起源和发展上有着紧密的联系。尤其在冯庄，村民的生产活动大多与红木生产及服务相关，形成由历史和地理界定的区域性社会实体。冯庄的红木家具生产是一种具有社会分工性质的生产系统：在该区域内有提供生产需要的木材市场，有中间企业进行零部件的生产，有终端企业从事商品展示和销售的工作。单就生产的环节来说，制造一套红木家具可以分解成木工、刮磨、油漆、雕刻等工序。显然，这种在生产上的专业分工具有互补性。同时，要取得经济上的优势，还需要有一定的竞争，同时有许多类似的企业在从事每一种这样的分工，比如涂饰的环节可能有几个做油漆的小型作坊可供选择；同样，做雕刻的作坊也可能有好几个。因此，这些企业所提供的产品及其服务是可以相互替代的，一般由上游的作坊（从事白茬生产的作坊）根据产品的档次及工期选择对应的合作作坊。大多数的转包关系是建立在互惠的基础之上的，尤其在转包通常委托同一作坊进行的情况下。这种合作一般是非正式的，双方虽没有正式的合同，但仍履行义务，这种合作关系只要双方遵守当地的规则就够了。在专业村内，相互合作之间的规则十分重要，它使一些本来因具有较大风险而做不成的交易能够完成，因此能明显地降低交易成本。在冯庄，有关红木家具的生产活动有当地的标准，并为当地的生产商所熟知，他们能预先判断商品的质量、交货期及其服务。违背这些规则，将丧失信用和合作，还会受到社会的制裁。在对大城郝庄石景松的采访中，他提到在与当地作坊的合作中，基本不用担心市场上常出现的使用过多边材的问题或者材料掺假的问题。

薛：有没有那种全做精品的？怎么能保证产品质量，比如不使用边材或者防止出现掺料的问题？

石：很少吧，因为材料不固定。工艺基本都一样，主要是选料。掺料的话，即使上了油漆，行家也能看出来。不用别人说，他自己就得先承认了，要不在当地还怎么做？

目前传统家具的销售大概分为两种类型：第一种是品牌运营，以元亨利、龙顺成等企业为代表；另一种是作坊式的经营模式，没有专门的店面。各地的经销商沿用自己的品牌，找作坊拿货的现象比较多。以下是关于产品的售后问题的调研：

薛：您现在家具做出来有没有维修的问题啊？如果出现问题是厂家修还是找您？

石：差不了。一般情况商贩不会找我，这是行规。要是毛病大了，肯定也找我啊。小问题，裂一下，胀一下，他们自己会修。

显然，所有在专业村内工作和生活的人都要遵守这种潜在的规则，而所交易的红木产品和服务在当地已经形成为经营者所熟知的规范。整个专业村内社会化进程和社会约束力形成了一定的功效，如果某个环节存在着普遍的、大量的需求，更有效的协调方式是利用市场机制，在经济活动细分以后会形成一个当地的市场，比如木材市场、木工机械市场。随着企业数量越来越多，企业间的分工也越来越细化，本地的生产系统向外界市场越来越开放，仅靠社会的约束力来保证合作实现越来越困难。因此，需要大量的机构，如行业协会、工商管理及质量监督部门等，由他们来提供支持、制定法规。

第三节　现代传统家具行业的技艺传承情况

在工艺美术行业的发展历史上，关于工匠的记录较少，但因为一直存在的市场需求，“京作”家具、“苏作”家具、“广作”家具的生产一直没有间断，且传承脉络较为清晰。以京作家具为例，在清代有关养心殿造办的谕旨和管理人员奏事记录中，记载了一些承担制作各种器具任务的工匠的名字，他们都是宫廷从各地选拔的各行业的能手。比如，雍正时期资料中提及木作有“南木匠汪国贤，木匠卢玉、领催白世秀，细木匠余节公、余君万，木匠霍五、小梁、罗胡子、陈斋公、林大，广木匠罗元、林彩、梁义、杜志通、姚宗仁”等人。根据民国时期各种工商登记造册，能够还原部分在鲁班馆和东晓市从事木器生产的铺号以及掌柜的名字。根据王世襄先生在《明式家具研究》后记中提及石惠、李建元、祖连朋三位师傅[①]的成就，综合《北京工商业指南》与《北京公务局各户有碍基线退让表》两种资料，结合对龙顺成退休师傅们的采访，可以大致勾勒出晚清民国时期鲁班馆京作家具的传承谱系。1956年，35家木器铺合并为龙顺成一家时，原来铺号的掌柜和师傅有些进入龙顺成，有些回到老家。在这个时期，龙顺成传承了民国时期的师徒间的谱系脉络，对京作家具的师徒传承发挥了重要的作用。

在传统手工艺领域，“师徒制”是技艺传承最重要的途径之一。拜师学艺是一个有仪式感和使命感的环节，通常包含了叩拜、奉茶、呈拜师帖等过程，以此强化师徒在技艺传承和私人情感上的关系。徒弟在学艺的前几年，通常只承担打杂、跑腿以及照顾师傅的生活起居等工作，通过磨炼和师傅的考验之后，才能正式开始学习技艺。在家具制作技艺的传承过程中，师傅的作用是非常重要的。首先，师傅根据徒弟的素质、基础和偏好采用不同的教学方法，侧重不同方向的技艺传授，正是所谓的“因材施教”。其次，传统的三年零一节的学徒周期，正值学徒年龄在十三四岁左右，无论是技术学习，还是道德的养成乃至社会人格的建立，都依赖传统工匠师傅垂示范例，师傅做事的态度也会对学徒产生潜移默化的影响。京作家具传承人李玉水曾谈到令他印象深刻的一件事：他在1981年进入加工点学习，师傅是从龙顺成退休的陈贤恩老师傅。陈师傅要求很严格，哪怕做个桌子或者花架，都要用方尺检查。陈师傅做花架时，要求花架的腿往两边挓（“挓”是指往某个方向侧，比如说传统的条凳“四平八挓”，就是向两个方向外侧）的角度要一样。道理容易说清楚，但是做的时候就容易出现一边挓得合适、另一边挓得不合适的现象，可能就会差两厘。李玉水第一次做，挓度没有做好。当时他年轻气盛，解释说是不是尺子有问题。陈师傅听完后把尺子给扔到院子里

① “除承蒙朱桂辛先生前辈及刘敦桢、梁思成两位先生的指导、鼓励外，惠我最多的是北京鲁班馆的几位老匠师，尤其是石惠、李建元、祖连朋三位师傅。”见王世襄编著《明式家具研究》，三联书店（香港）有限公司，1989，第218页。

了，说道："尺子都不准了还要它干吗？尺子都不准了做东西能准吗？"李玉水把尺子拿了回来，从那以后要求自己做事情一定要有标准，要精益求精。

据调研统计（表6-1），目前从事红木家具行业的工匠大多出身农民，学历基本集中于初中到高中阶段（17岁上下），他们跟随家族或同村中从事木匠工作的长辈进行初期的木工学习，制作的家具以当地材料为主。之后进入家具企业，在企业内由老师傅或工长带班，一般需要经过二到四年的学习才能出徒。学徒期间有基本工资，但只能保证基本的生活所需，企业一般为学徒提供食宿。学徒在开始一般担任打磨或擦蜡的工作，来磨炼耐心和手头上的基本功，但与师傅之间的沟通和接触较以往减少。这种传承方式的仪式感，以及师徒之间情感、责任连接的基础已经比较薄弱，师徒之间的关系更像公司里前辈与后辈的关系。

表6-1　从事红木工匠的学历等情况表

工匠姓名	学历	开始学习的时间	师徒制	出徒年限	提供食宿
李永芳	初中	20岁	是	5	是
李玉水	初中	21岁	是	4	是
田燕波	初中	17岁	是	5	是
李维盛（木工）	高中	18岁	是	3	是
李晗（木工）	初中	17岁	是	3	是
蔺海龙	小学	15岁	是	3	是
张辉（雕刻工）	初中	16岁	是	2	是
韩建国（木工）	初中	17岁	是	4	是
李娜（打磨工）	高中	20岁	是	1	是
袁宗良	初中	17岁	是	2	是

续表

工匠姓名	学历	开始学习的时间	师徒制	出徒年限	提供食宿
高福明	初中	17岁	是	3	是
刘东	初中	16岁	是	2	是
段景岳	初中	17岁	是	2	是
李德辉	初中	15岁	是	2	是
石景松	小学	16岁	是	3	是
高绪新	初中	17岁	是	1	是
高绪生	初中	18岁	是	1	是
张宗光	初中	20岁	是	3	否
陈师傅	初中	18岁	是	6	是
许家千	大学	17岁	是	3	是
顾志华	小学	16岁	是	3	是
周国良	初中	18岁	是	2	是
傅顾健（雕花师）	初中	16岁	是	3	是
张前进	初中	16岁	是	3	是
吴师傅	初中	17岁	是	3	是
倪师傅	初中	16岁	是	3	是
倪建平	初中	16岁	是	3	是
程大牛	小学	19岁	是	4	是
巢烜宝	初中	16岁	是	4	是

二、城镇化进程中知识和技艺的恢复

受到红木家具市场行情的推动，很多普通消费者从最初单纯的购买转变为鉴赏和研究，在这方面关于传统家具研究的书籍起到了知识普及的作用。

比如京作家具爱好者通常会考虑购买“谱上有的”，所谓的“谱”是指王世襄等大家收藏的经典家具。在满足消费需求的过程中，生产厂家与制作者需要进一步学习和研究传统家具知识，让传统家具的知识和技艺得到一定程度的恢复。

1. 传统家具制作技艺传承人或专家学者参与生产

企业通过与传统家具制作技艺传承人或专家学者合作，强调产品的经典性和传承性，以提升产品档次。这类企业大多具有文化的认同感，认可传统家具的价值。在合作过程中企业负责生产与营销，以按月付工资的方式，聘请传承人承担设计、现场指导制作等任务，并在原材料、产品设计、质量控制、市场营销等方面给予协助，这种经营方式在某种程度上是对传统手工艺的生产性保护。如龙顺成中式家具厂的李永芳师傅，1969年设计的“梅花欢喜漫天雪”黄花梨家具，整体简洁、大方，纹饰精巧、典雅。苏州常熟虞林世家的倪建平师傅，任南京博物院古典文物家具总指导及修复师，同时作为传统家具第六代传承人参与设计，代表作有“海棠角方桌6件套”等。

2. 从旧家具的收购、修复转型到传统家具的生产

宝德丰、陶然居等企业是河北大城当地传统家具业的带头企业，京作家具生产的传统在当地能够形成，与他们的带动有极大的关系。大城红木家具产业的发展经历了从收购旧家具到生产新家具的转变，最后形成一定的生产规模。这说明，传统家具的生产除了熟练操作之外，在现代机器设备代替大部分手工劳动之后，更为重要的是提高手工艺人对传统家具的认知，即知识的积累。村民在20世纪80年代末期到90年代初期以收购旧家具为生，在与卖家、买家（通常是收藏家、学者或中间人）博弈的过程中，他们不断学习，积累了有关传统家具的丰富的经验和知识。在村内他们通过互相交流，发现彼此之间做法的差异；通过老师傅在技术上的指导，不断提升审美和工艺水平。随着大城京作家具市场的不断扩大，村民这种“自发行为”也在不断扩大，通过凝聚力与专业技术的指导，其制作水平普遍得到提高。

三、工匠技艺学习方式的变迁

技艺传承是一种经验知识的传承，包括两种：一是如何采用继承来的工具和机器的模型，使其能更好地完成一再重复的既定工作；二是如何有效地使用工具。[①]技艺的学习过程是利用所掌握的前人积累的知识，以便在相同情况下能够通过操作实践完成一定的工作。在过去，所有学徒经过的各个阶段都是一样的：从最基本的工艺开始，以正常生产的顺序学习基本技术，直到成品完成，为了掌握某道工序可能需要经过数月重复、烦琐的练习。工匠们经常提及，学徒时期在工作场所与师傅的互动在学习过程中的作用至关重要。通常，学徒与师傅的工作台临近，这样师傅会经常发现错误；同时学徒可以方便地观察师傅如何工作，以便更好地理解某种技巧。因此传统上对初学者手把手的演示和讲解比较多；在现代的工厂中，学徒很少经过传统意义上的三年全面的学习，师傅较少依靠这种教学方法，因而通过语言来传授在教学中变得很重要，学习过程从更直接的相互作用演变成远端的控制。这种演示和讲解，意味着师傅可以随时干预、指导学徒。当然，与其他的技艺有所不同，家具制作一般是以结果为导向的。操作的动作规范与否（即身体的运动范型），有时并非最为重要，师傅往往以最后的结果来追溯过程的错误。通过最后的结果分析，学徒可以在没有直接干预的情况下接受技术上的指导。

当然，在木作技艺的传承过程中，无论学习方式如何变化，师傅的作用仍然是非常重要的。从技术的角度看，跟随师傅打下的基础非常关键。京作家具传承人李玉水师傅曾说："刚开始就是纯粹打基本功，这是一个基础性的东西。这个功底越牢靠以后做得也越踏实。帮助更大应该是，看师傅教给你什么样的东西吧，他那里是最关键的，决定了你以后走什么路，还有你的路能走多远，这个很关键。"此外，在制器过程中，学徒在工匠群体的氛围中获得的感知与体验，会对其价值观的形成起到潜移默化的作用。

---

① 爱德华·希尔斯：《论传统》，傅铿、吕乐译，上海人民出版社，2009，第90页。

第七章　养成与传承：传统家具制作技艺传承机制的变迁 ≫

第一节　影响技艺传承的因素

潘鲁生在《城镇化进程中的传统民间美术研究》一文中认为：“深入调研新型城镇化大背景下民间美术、民间工艺美术、民族民间审美心理现状，通过‘自然—人—社会’互动关系进行梳理和分析，具体包括对民间美术孕育发展相关的典型自然生态环境，社会政治、经济、文化环境变迁对民间美术的影响等。”①

一、影响技艺传承的外部因素

根据影响技艺传承因素的面向不同，影响传统家具行业技艺传承的外部因素可分为文化因素、行业因素、家庭因素三个维度。

---

① 潘鲁生：《城镇化进程中的传统民间美术研究》，《美术观察》2014年第10期。

（一）文化因素

文化因素在这里指与地点相关的意识、传统、知识、习俗及其更新与传承，包括宗族意识、基于本地的生态知识与伦理、道德及行动规范、幸福与成就感等，外在表现为神话、典故、节日、节庆等。当地文化因素对木作技艺传承的影响是潜移默化的，一方面乡村给人们带来了社会的意识，成为各种工艺美术发生发展的地方；另一方面，在农耕社会时期乡村既是木作的生产地点，也是木作的消费地点。

（二）行业因素

行业因素包括从事木作生产的收入、当地企业和带头人的情况以及工匠获得的荣誉和地位等。从事手工艺生产，首要目的是为谋生。张光钰曾提及二十世纪四五十年代北平市手工艺生产传承的情况："学这行手艺的人，多半从十二岁起学到十七岁出师，他们常说'师傅领进门，修行在个人'，真正的成就，全在从事者的匠心。因为业务不振，过去学过的手艺人，都纷纷改业，另谋生路，现在再去学这行道的，当然亦就愈来愈少。"[①]工匠的工作性质基本都是全职，从事家具制作的经济效益是手工艺人优先考虑的因素。收入情况较好时，从事人员较多；经济情况不景气时，很多工匠会考虑改行，另谋出路，传承自然也会受到影响。其次，木作技艺的传承，受当地的带头人的示范作用或当地企业产生的就业机会影响。在每个时代的企业带动和带头人的示范效应下，"村民之间密切的日常交往，为技艺传承提供场景、氛围和社会网络基础"[②]，村内各种关系网络的交叉最终促成了专业村的形成。此外，个人作品在市场上建立起来的良好声誉和成就感也是工匠所看重的。木作工匠在市场上长期出售自己的产品，他们将个人信用与产品联系在一起，产品为木作工匠声望的传播起到了重要的作用。兴趣和与人交流的需要尤其在现代的木作生产和传承中开始发挥越来越重要的作用，希望成为艺术家的

---

① 张光钰编《北平市手工艺生产合作运动》，中央合作金库北平分库、国际合作贸易委员会北平分会，1948，第6页。

② 蔡磊：《日常生活、共同体与民间手工艺技艺传承》，《中南民族大学学报》（人文社会科学版）2014年第5期。

木作工匠不单纯考虑经济效益，而是希望通过交流得到认可，并不断提高自己的水平。

（三）家庭因素

家庭因素是客体最直接、最直观的体验，包括受教育情况，与父母、亲戚、邻居、朋友的联系等，因而父辈从事的职业亦对一个人的职业选择有重要的影响。许欣欣在《当代中国社会结构变迁与流动》中指出："受教育是人们生涯模型中的一个决定性因素，这一事实对于个人进入劳动力市场提供了家庭背景和财产及责任之间的最强和最直接的统计联系。"[①]从另一个角度来说，在教育本身未构建相应的手工艺传承体系的情况下，现行的学历教育给传统木作技艺的传承秩序带来挑战。

二、影响技艺传承的内部因素

（一）传承人

在生活方式方面，现在的工匠倾向于在城市生活，以获得更多资源。过去，家具的生产主要面向城乡家庭生活基本需求；现在市场发生了变化，随着产品的消费地点从农村转移到城市，木作业逐步丧失其小农经济的属性，在这种变化中，城市发挥了重要的作用。木作工匠逐步走向城市，开始从事全职专业化的生产工作。他们认识到在城市中生活可以获得更多的信息和机会，并借助城市更广阔的平台展示、推广自己的产品。比如，河北大城津保线的沿街商铺为工匠提供了展示空间，当地政府推动中国红木城景区成为4A级景区，使得来自全国各地的买家能很容易地在这个区域找到适合的供应商。随着工匠群体的年轻化，他们更容易融入城市，接受新知识，能够使作品和现代社会相结合，在传统与创新衍生之间走出自己的独特风格。

在身份地位方面，工匠曾长期不被重视，手艺人的创造力被束缚，与其社会地位有直接的关系。柳宗悦认为："当然，匠人不可能是美术家，教养、见解、独创性都无法与美术家相比。实际上，匠人们的贫穷也不允许他

① 许欣欣：《当代中国社会结构变迁与流动》，社会科学文献出版社，2000，第56页。

们具备这样的素质。在封建时代，他们被批发商虐待；在机械的时代又为劳役所困苦。他们的生活及其环境是低劣的，这样的事实低于匠人的实际社会地位，对匠人的蔑视被散播开来。”[①]现在，手艺人的生存环境有了较大的改观，尤其在中山、东阳等家具产地，木作行业作为优势传统产业，政府、团体经常举办或组织各种非遗展览会、工艺美术展销会、技艺比赛等，并定期评选各级工艺美术大师，这些活动为工匠们提供了展示和传播技艺的平台，他们开始受到社会的广泛关注，社会地位得到很大的提升。在生产动机方面，随着传统家具的属性逐步从满足人们日常生活的产品转化为艺术品，兴趣在就业的因素当中占越来越重要的比例。

（二）生产方式

尽管手工产品的价值逐步被人们认可，不可避免地，现实中机器生产仍然替代了许多普通手艺人的工作。比如，数控机床的出现，代替了大量的制作榫卯的手工作业；雕刻机的出现，使得传统家具中需要手工雕刻的工作比以前大大减少，传统家具企业中雕刻工匠的数量大幅减少。在传统家具的生产中机械的使用比例较高，据苏作家具传承人许家千介绍，目前传统家具行业的机械化率达到50%以上。要拥有机械就必须有资本，也要承担相应的风险，这显然是大部分普通手艺人所无法承受的。因此在全国大部分传统家具的集中产区，几乎看不到家户制模式的家具生产作坊，生产从分散的农户加工逐步转向垂直管理型的工厂化生产形式，工作场所由家庭移向拥有大量机械设备的工厂。

（三）销售方式

销售方面，随着生产方式转变为以经济利益为主要动机的批量化生产，不仅木作产品，整个工艺品的市场也产生了分层。在市场的高端层面（如美术馆、博物馆、收藏家）有少量的手工创意作品，而在低端市场（如旅游纪念品商店）则有大规模的廉价、低质量、标准化、非原创的产品出现，大众所能感知到的审美质量也会下降。艺术家严格坚持经典的标准，商家愿意牺牲

① 柳宗悦：《工艺文化》，徐艺乙译，中国轻工业出版社，1991，第31页。

文化价值，以取得现实的收入。在这种情况下，农村的手艺人会处于比较尴尬的境地。因为他们一般偏向保守，家户制的经济运行方式具有很大的惯性作用，优点是能够减少成本和少冒风险，但也会失去开拓市场的机遇。如韩明谟在其著作《农村社会学》中所言："很多乡村手工艺人仍从事面向自然经济的活动方式，很少有发展商品经济所需要的敢冒风险的开拓精神。"[①]在农耕社会，木作工匠走街串巷，靠作品逐步积累了顾客，通过口口相传建立了信誉；而现在的市场发生了变化，销售渠道呈现多元化，需要从业者具有市场意识，不断地开拓新的资源、掌握新的信息。

（四）产品属性

柳宗悦在《工艺文化》中论述了民艺的性质和界限，是"为一般民众的生活而制作的器物；为满足众多的需要而大量准备着的"[②]，阐明了民间工艺美术产品的"公共"属性。随着时代的变迁，民间工艺美术的属性发生了变化，尤其是为一般民众的生活而制作的器物，被大量的工业化产品所替代。杭间在《"工艺美术"在中国的五次误读》中说："实际上，它是'手工艺术'——它已经蜕变为艺术品，无论现代或者传统的风格都包含在其中，而非过去的具有实用价值的传统手工艺。"[③]在机器大生产占主流的当下，手工艺人如果想更好地生存，获得较高的利润，就需要强调与机器生产所不同的产品所具有的手工性和独特性。因此我们看到，柳宗悦所说的"工艺美术"中有一部分类别已经趋向于个性化的工艺。随着产品面向的变化，其公共属性已经发生了变化，艺术性、个体性在逐步增强。产品属性的变化，要求传承人自身的素质、生产方式、销售渠道等亦应随之变化。当然，机器生产的工艺品仍然是工艺品，只是因为社会经济地位的分层导致产品定位的分层。市场需求的分层和手工艺人自身成长经历的不同导致不是每个工匠都能转变成为艺术家，其作品成为艺术作品。原来的实用器物，近年来向艺术品、创

① 韩明谟：《农村社会学》，北京大学出版社，2001，第276页。

② 柳宗悦认为民艺应具有5个特点：1. 为了一般民众的生活而制作的器物；2. 迄今为止，以实用为第一目的而制作；3. 为满足众多的需要而大量准备着的；4. 生产的宗旨是价廉物美；5. 作者都是匠人。见柳宗悦：《工艺文化》，徐艺乙译，中国轻工业出版社，1991，第53页。

③ 杭间：《"工艺美术"在中国的五次误读》，《文艺研究》2014年第6期。

意产品的转型趋势较为明显，成为许多新成立的工作室日益重要的收入来源。如前所述，这类产品的市场亦产生了分层，在售价和审美价值上有很大的差异。在一些地区，大师的复刻作品被收藏家所认可，或经拍卖以高价出售；在其他地方，这些物品仅被归为某个地区的匿名制造者，在这种情况下，个体创造者的价值被忽略。尤其在目前的竞争环境下，“新中式”风格的家具开始大量采用较为廉价的材料，这些材料通常被收藏家视为低价值的，产品也被归为实用品，很少有人知道制作者或设计者是谁。

第二节　传统家具行业技艺传承存在的问题

一、传承人的危机

（一）年轻一代从业人员数量减少

过去在农村受原来观念的影响，一般读完初中后村民会让孩子选择学习木工、建筑或者其他技能。随着社会的发展，现在大多数村民希望孩子能考入好的大学，这在很多人看来是找到好工作的标准途径。调研统计显示，绝大部分工匠学艺年龄集中在16~18岁，据苏作家具传承人吴明忠介绍：“学手艺的年龄与读书的年龄冲突，16~18岁年龄段是学手艺最好的时期，年轻时适应，手脚适应。”于是，一方面原本该拜师学艺的少年需要进入学校接受教育，以至于师傅招不到学徒；另一方面，目前技术学校体系的教育导向与传统的师徒制所培养的工匠精神相差甚远，学历的含金量和被社会的认可程度仍需提升，人们需要在“学艺”或“上大学”之间做出选择。所以，即使收入不错的工匠往往也不希望孩子从事家具行业，他们一方面为自己的技艺而自豪，另一方面却又不愿意下一代学习这项传统木工技艺。

从年轻人的角度来看，他们不愿意从事与家具相关的工作，大概有两个原因。首先，做家具开始阶段没有独立性，年轻人会觉得很没有意思，学徒时期的工资也无法保证生活。传统上学徒能出师自立，需要三年四个月的时间，然而现在缺少这样的学习环境，如苏作家具市级传承人宋卫东所言，“现在没那个环境，也没人要学了”。其次，工作时间长，工作辛苦。工作需要早起晚睡，大部分作坊只有每月的1号和16号休息。他们按照工时计费，工厂有活时会临时招揽他们，没有固定的工厂和福利保障。此外，学习家具至少需要2～3年才能给企业带来效益，造成学徒工资普遍较低。木作工匠的工资随工作年限的增长而不断增加，并非如其他行业一样，能很快得到较高的收入。加之公众普遍认为学习家具需要天分，坚持几年未必就一定能达到较高的收入，造成招收学徒存在一定的困难。本研究受访工匠大多年龄较大，在回答退休时间的问题时，大多人的回答是“做到不能做为止”。对他们而言，木工的工作不仅是一份职业，而且是生活的重心。而现在对大部分的年轻从业者来说，这只是一份工作。他们随时可以换工作寻求其他发展，在过去常在木作工匠传承中出现的坚固性和独立性在现代社会中被打破。由于从事该工艺不能够得到足够的报酬，已经没有足够的吸引力容纳更多的人在该行业找到适合自己的生存方式。此外，工匠受人敬重是因其所具备的专业技艺，而现有职业教育体系所培育出来的学生，无法如过去经由师徒制学习技艺的工匠受敬重。

（二）城乡身份存在差异性

绝大部分农村的工匠，把木工的手艺作为养家糊口的技能，基本没有人认为自己是艺术家，也很少有人向艺术家的方向努力。农村工匠对身份的转变和新的社会角色缺乏认识，且难以打破传统的价值观。另一方面，行业内城市工匠更多地掌握话语权，人们认为曾在国有工厂工作过的人员比在村里加工点工作或在自家作坊生产的人员所制作的家具艺术性要高。乡村工匠的顾客也并不认为他们是艺术家，虽然有些产品属于个人的作品，但大多数情况下工匠是匿名的，只有大师的作品才被人们视为“艺术品”。这种情况与其他的工艺美术的品类有所不同，并成为导致民间工艺家具衰退的一个因素。

（三）收入不平衡现象较为突出

工匠的收入水平存在较大的差异，如果获得省级大师以上的称号，社会与经济效益很可能是双重的。因为红木家具市场的兴盛，在各地红木家具产区的街道上聚集了更多销售、批发成品的商家，如中山大涌的一家红木店经营者所言，“当时生意兴旺，货车来来回回，不停地往返于工厂、店家和物流公司之间运输家具”。一些家具经营者可能会比有称号的大师在经营上更成功，从而导致收入情况的分层。近几年，由于高端家具市场的低迷，传统的沿街销售的模式受到很大的影响。因而除了名气之外，与收入有直接关系的是工厂或工作室的经营能力，或是人脉关系等。

二、工艺的表面化

如前所述，传统木作在长期的发展过程中不仅形成了一套有关木作技术本身的知识，还形成了一套特殊的行业组织制度、行业组织崇拜等，并在其相互的关联中形成了固有的木作物质文化与精神文化。如爱德华·希尔斯在《论传统》中所说，传统在延续的过程中会经过分离、削弱、衍生的变化，[①]传统木作工艺在发展过程中，因为生活方式、生产方式的改变，亦不可避免地发生这些变化。

传统的手工作坊生产方式下，工匠根据消费者的需求制作家具，从原料到成品由工匠一人或由其带徒弟全部完成，他们对传统家具的制作工艺以及图案背后的寓意等较为了解。而在工厂上班的工人，只是负责机器的操作，加工完成部件或半成品，对于产品没有以往的认识。他们对于产品并没有深刻感受，无法体会到制作过程及作品完成所带来的成就感。比如“新中式”家具，在形式上符合现代人的审美观念，但目前大多停留在中式符号的堆砌层面，伴随形式的深层次的内涵并没有延续下来。即使是这些符号，从事雕刻工作的年轻师傅也不明白其代表的寓意。通过对雕刻工匠对以下五种传统纹样的了解情况的抽样调查，发现较为年轻的工匠（大多在工厂学会技术）对于特定的传统家具纹样了解较少。对在大城经营油漆作坊五年的大城擦漆师傅刘东（1992年出生，四川南充人）的调研中，同样我们发现他的知识局

① 爱德华·希尔斯:《论传统》，傅铿、吕乐译，上海人民出版社，2009，第301页。

限于一直在做的工艺，对于传统大漆工艺了解较少。现在生意不好，因生计所迫，他也准备转行。

薛：现在生意怎么样啊，好干吗？

刘：前几年好干些，这几年不行了。跟我一起做的，现在好多都走了，不愿意做了，主要是挣不到钱，对身体还有害。以前在这边的人就多了，都是好几百人，我认识的老乡就有好几十个，都是从别的地方过来做漆。他们以前在别的地方做，然后都过来了。前几年好的时候能挣十多万元吧，现在好几个人才挣十多万元。我们家就我和我爸做这个，都做这个不行。我们家是不着急花钱，然后就没走，着急花钱的话，肯定也走，在这等着没用，赚不了钱，还不如回家干别的。

民间艺术产品是生产者用来补充农业收入的实用产品，本质上是经济生产。如果创作的冲动指向功利的目标，换句话说，把传统技艺作为有利可图的生意，在一定程度上其艺术性就有降低的可能性。当然，目前在传统家具行业，情况并非完全如此。在距离大城一百公里的大厂，开办袭明居红木家具作坊的郝增涛目前正在研究和试验大漆工艺。现在京作家具表面处理普遍采用的烫蜡工艺，在封闭性和表面耐热性方面与传统大漆工艺相比存在差距，但在表现表面肌理、施工工艺方面存在优势。郝增涛，1980年生人，并非木工出身，但是出于对传统家具的热爱，目前正在研究恢复和改进传统的大漆工艺。

传统工艺一般比较烦琐、工序较多，其中一个方面的原因是受到时代条件的限制，为了达到精致、美观的效果需要多种工艺配合进行。科技的发展为传统家具工艺的改造提供了技术基础，比如用烘干窑取代低效率和有危险的锯末堆，以及使用自动化的木工设备。这些技术工具的变化，虽然导致工匠不再直接用手接触材料，但不一定对产品带来负面的影响。因为设备的更新为控制产品质量提供了更多的机会，并允许工匠最大限度地利用原材料。不过如果是为了获得更多的利益，而不是以保证质量、提升艺术水准为目的，这种技艺的改造就会变成以牺牲质量为代价的传统工艺的简单化。莫里斯所批评的机械生产所显露的劣质，在部分急功近利的企业的产品中体现出来。下面以家具中常见的传统抱肩榫的改造为例加以说明。

抱肩榫是传统家具中束腰的常见榫卯构造，作用是接合腿足与束腰、牙条、面板。具体做法是在腿足束腰以下的部位，切出与牙条对应的45° 斜肩，并凿三角形榫眼，与牙条三角形的榫舌拍合。斜肩上还做有上小下大、断面呈梯形的“挂销”，与开在牙条背面的槽口配合。这样面板自身的重量及承重分散在束腰和牙板上，通过抱肩榫传递到腿足。挂销的使用，能限制构件在水平方向上的移动，从而使牙条和腿足成为一体。此外，牙条通过45°角斜肩嵌入，与腿足在同一平面上，形成一个整体，也提高了重量传递的均匀程度。传统的做法在腿足上需要进行多次铣切加工，且基准面不容易确定。因此，现代生产中往往改变抱肩榫原来的三维结构，在牙板与腿足上各自开槽，使用楔钉固定牙板和腿足。有些甚至将腿与顶面的接合分离，通过大量使用栽榫，依靠胶黏剂的作用连接面板和束腰。这样做的优点是减少了腿足部分的耗材，降低了工艺难度。然而依赖于胶黏剂的弊端在于无法在牙板拍合后让其左右方向拉紧，这样的连接方式丧失了传统榫卯结构三维连接的优势。此外，在胶黏剂失去作用后，牙板的修理也更加困难。

由上所述，秉持传统工艺的工匠们难以与规模化经营的纯粹商人竞争，只能放弃复杂的制作技艺。有些工匠转而选择较为容易的批发生意或以低价购入产品，稍做整修后出售。这种变化导致现在的传统家具行业很难发展出类似其他工艺美术类型的以工匠创作为主导的生存模式。

三、多样性减弱

在传承的过程中，传统民间家具多样性减弱的一个典型例子是各地区民间家具风格的消失。为了说明问题，这里以红木家具的发展与其作为对比。在进行对比之前，应该先了解红木家具与传统民间家具在概念上的区别，如表7-1所示。红木家具是使用2008年红木国家标准规定的材料（基本为进口木材）制成的家具；传统民间家具是各地区使用本地材料生产的，以传统工艺制作而成的家具。很多时候人们称这些民间家具为柴木家具。据《北平市志稿·度支志》记载：“旧式家具，分硬木、柴木二种。曰硬木家具店的，亦称硬木家妆铺，最贵者为紫檀，无新材，惟用旧物改作，次红木、花梨、樟木、楸木。其工业有雕花、嵌牙石、玻璃诸多做法，磨光用锉草，加细臼水磨。”柴木家具则是“本地所产，若杨、柳、榆、槐，统名柴木，兼此者称桌椅铺或嫁妆铺，坚实耐用是其特长。其做法则去皮用心，烤令其干”。京作家具的传承单位“龙顺成”在合并之前也是生产柴木家具的桌椅铺。

表7-1　红木家具与传统民间家具在概念上的区别

名称	使用材料	生产方式	技术掌握程度	涂饰方式	风格	销售区域
红木家具	红木（以红酸枝、大果紫檀、刺猬紫檀等进口木材为代表）	机械化程度高，批量生产	半熟练或无木工基础	化工涂料（聚酯漆等）或烫蜡	市场化（统一）	具有开放性，主要在城市（全国市场）
传统民间家具	本区域的传统家具用材，如榆木、榉木、楸木等	半手工半机械，单件或几件订单生产	熟练木工	大漆	本地	较为封闭，主要在农村（本乡镇或相邻乡镇）

民间家具包含了木作工匠的创造性，集设计、制作与销售于一体，经久耐用；地方特征浓郁，材料易取得，具有朴素性、人性化、个性化的造物特征。但有时这些富有想象力的作品无法吸引人们的注意，因为它们不符合人们对传统家具的刻板印象。在博物馆和学术界，传统家具中明式家具的特征已经被过多地重复，特别是一些人由于对民间造物体系缺乏了解，有意无意以单一的标准评判材料、造型，将民间家具与“经典”家具简单对立。遗憾的是，如果消费者认定民间家具是粗糙的、没有价值的，其在购买传统家具时，就只能按照所谓“经典”的标准来选择款式。而所谓“经典”作品，其数量极其有限，基本固定在一些经典书籍（在北京的消费圈称为“谱上有的”）及一些拍卖会中出现的硬木家具。制造商和工匠们为迎合公众对于传统家具的刻板印象，大量地生产高仿产品。在产品款式极少变动的情况下，为追求更多利润，必然会以复杂的生产系统逐步替代简陋的设备。在此影响下，传统民间家具的地域风格逐渐为统一的市场上流行的式样所代替，导致

材料同一化、风格统一化等现象。

近十几年间，在红木家具的几个主要产地的就业人数比十几年前显著增加；而在传统民间家具行业的就业人数急剧下降，且老龄化现象严重。比较常见的现象是在本地从事传统民间家具生产的木匠大多年龄超过60岁甚至70岁，儿女已经独立，他们自身并没有很大的经济压力，只是将此作为对家庭的补贴。在对淄博市淄川区招村民间木工高绪新（1967年出生，1981年开始学习木工）的采访中，他认为，与20世纪80年代相比在乡村从业的木工人数减少了很多。

薛：这个手艺还能再往下传吗？没想再去做点别的？像做点红木家具之类的这种？

高：没有做的了传给谁啊，这个下力多挣钱少，现在的木匠都在工厂了，个人以后也不好做了。我今年六十岁了，红木一个人不好做，没有销售渠道，一个人做人家没有来买的，价格也太贵，进少了量太小，进多了本钱太大，风险大。

从业人员的减少，使得原本丰富多样的充满地域特点的民间家具样式濒临消失。例如，柳木圈椅在我国北方地区曾大量使用，且在不同的地域其造型各异。柳木圈椅在材料、工艺和人体工学方面具有极强的合理性，在审美上具有不拘谨、不造作的特征。遗憾的是，现在制作柳木圈椅的工匠大多因为收入的原因，放弃了这项传统手艺。在对莱州驿道镇曾以制作柳木圈椅（在当地称为罗圈椅子）闻名的木匠于云聚师傅的采访中，他说孩子已经放弃了家传的木工职业，原因是“来钱太慢了”。由于不能依靠制作椅子的收入养活家庭，儿子需要找一份收入较高的工作，但是在农村并没有很多的工作机会，所以他离开妻子和孩子去城里打工，希望能找到临时性的工作。

四、唯材质论的材料观

国人对于材质的追求促进了一些工艺美术品类的发展，如玉石雕刻、红木家具等行业，其市场认可度较高、发展较好，在部分程度上是源于材质的稀缺性；另一方面因为长期存在的重材质、轻工艺的思想，又破坏了正常的市场秩序，限制了一些品类在技艺上的传承。在传统家具行业，人们对于材料的追逐尤为明显。这些有用的“物”所使用的材料，为人类提供了彰显身份的机会；在功能之外，家具成为一种泛指和地位的象征。2000年开始实行的《红木》国家标准（GB / T 18107—2000），将红木范围划分为5属8类、33个主要品种，主要来自东南亚、非洲和南美洲。这些材料类别名称十分复杂，商家经常以相似的木材冒充名贵木材。

实际上，红木家具的大量使用已经对砍伐地的森林和生态造成了严重的影响。红木家具标准中的大部分材种是来自热带雨林的树种，其中很多都是濒危灭绝的树种。比如通常被用来制成地板、家具的鸡翅木，就是世界自然保护联盟红色名录上列出的濒危物种之一。森林资源的利用应当满足人类的社会、经济、生态、文化和精神需求，消费者应该要求他们购买的木材和其他林产品不会对森林造成破坏。

唯材质论混淆红木与传统家具的概念，忽略了传统家具的结构、工艺与文化价值，人为地贬低了日常生活用具中淳朴自然的民间工艺，割断了地域性家具材料特色，审美倾向繁复、臃肿。柳宗悦认为：“只有从民艺的世界中，才能寻求产生于自然的、健康的、朴素的灵动之美。”“红木家具热”折射了一定的社会现象，如果说明式家具代表了文人文化，红木家具则体现了人们对物质和世俗文化的追求，以致发展至今出现了只有少数人能消费，和广大的普通民众脱节的现象。在这种情况下，传统家具的发展失去了其赖以生存的土壤，导致了畸形发展。

五、评价机制的问题

从市场的评价机制来说，通常由收藏家、策展人、艺术品店的经营者对作品的质量做出判断，创作者与他们在社会地位上和地理位置上都相差较远。这些艺术市场的相关者判断作品的标准影响了工匠的创作方向，他们往往反映了国际市场和出口商的需求，而不是本地化的设计和文化偏好，尽管在过去的大部分时间里这种产品在原产地有明显的风格特征。尤其在西方当代艺术和传统“经典”艺术占据优势地位的情况下，工匠为迎合市场的需要刻意地改变民间的造型语言的现象越来越突出。

此外，在现代社会，除了特色工艺家具外，能够展现特色区隔的是现代设计，有竞争力的家具往往需要突出设计感。但是大多传统家具生产企业存在诸如工匠老龄化、创新能力差，缺乏设备、资本，缺乏市场信息，或者工匠的技能过时（产品已经退出市场）等问题。吕思勉在其所著《中国通史》中曾分析了工匠转型面临的困难：“（一）此等工人，其智识，本来是蹈常习故的。（二）加以交换制度之下，商品的生产，实受销场的支配，而专司销售的商人，其见解，往往是陈旧的。因为旧的东西，销路若干，略有一定新的就没有把握了。因此，商人不欢迎新的东西，工人亦愈无改良的机会。（三）社会上的风气，也是蹈常习故的人居其多数。所以其进步是比较迟滞的。”[①]出于上述原因，很多传统工匠只能维持制作一些传统的样式，他们不认同或没有能力进入现代的家具市场，无法满足多元需求，只能逐步退出主流市场。

第三节　传统木作工匠身份的分化与转型

在农业社会，人们制造和使用的每样物品都是手工艺生产的对象或结果，手工艺几乎与所有的文化领域相互关联。通过手工艺可以看到工匠身份的形成和表达，因从事每种工艺而造成的职业分类，基本成为社会身份的标签。因此，工匠不仅是一个职业概念，还是一种社会身份。比如从事木作工艺的工匠，被统称为“木匠”或“木工”，在农业社会这个群体的职能、身份具有强烈的特征和属性，其所属阶层基本是固化的。在现代社会，工匠身份与社会背景存在着动态的复杂关系，成为社会进程中所呈现的多样化的一个组成部分。比如，传统家具的生产过程由手工生产方式转移到了全自动化的机械生产的过程，改变了场域的性质，原来因行业文化而聚集的传统家具集聚的场域，转变

① 吕思勉：《吕著中国通史》，新华出版社，2016，第147页。

为以商业为导向的集聚产区。参与者的身份与地位随之发生了变化，而对于这种身份变化的描述是多维度的，不同的研究视角会形成不同的身份分层。

一、工匠职业角色的分化

从产品输出的角度，传统家具产品分化为三种类型，第一类为依照传统技艺制作的经典艺术产品；第二类为满足大众生活需要的工业化产品；第三类为依据传统家具工艺制作的民间日用品。在这其中具有创造性的工匠可能会转型到大师的身份，比如一些擅长绘画或图案设计的工匠，不必从事制造过程中涉及的重复劳动，从而将自己作为大师而与工匠相区分；另一些工匠从事简单的重复任务例如打磨工作，或成为生产线上操作机器的工人；有些则兼具经营者与工匠的身份，如出身于工匠的经营者，通常是因其技术受到肯定，转型自行经营工作室或店铺。通常情况下大师级别的工匠有一定的名气和水准，对于制作的器型有一定的决定权，能够发挥自己的技术。与销售商合作的工匠，当前的诉求则是能持续、稳定地接到订单，以维持经营。对他们而言，技艺是一种生活上的保障，需要争取大量的工作机会以稳定现实的生活。从事生产和纯粹经营的人，其对于发展的态度是有所差别的。纯粹经营的人有生意头脑，人际关系广，对于市场的变化敏锐度高，通常会设法将成本减到最低，以谋取最大的利益，甚至采取一些唯利是图的做法，导致出现抄袭模仿、以次充好等现象。比较大的建设项目会吸引上游或其他行业跨足经营者，如建筑承包商或与家具行业完全不相干的资本进入。纯粹经营者一般担任承包商的角色，项目谈定之后，剩下的工作便是转包给工厂或作坊负责，他们只要在作品完成后，在工程现场指挥完成安装即可。

从调研数据来看，工匠职业角色的这种分层体现了如下几个特点。首先，职业角色的分层呈金字塔结构，从高到低分别是艺术家（大师）、经营者、农村工匠、打工者。在身份的分层当中，收入差距是职业角色的重要属性，个案调查显示工匠内部收入水平差距较大。其次，农村木匠比例逐年减少，进入工厂打工的群体有所增加。再次，从经营者向大师流动有向上的路径，但普通工匠尤其是农村工匠几乎没有成为大师的途径，这一层次存在一定程度的阶层固化。最后，在这几种身份中，数量最大的普通的农村工匠，他们转而从事其他行业或向下流动成为家具工厂的操作工，这类情形相当普遍。相较过去，农村的工匠大量减少，原因是过去传统家具工艺行业主要是为解决人们基本的生活需求，而现在这种基本需求为现代的工业产品所满足，原来大量的传统家具从业者不可避免地要进行角色转换。

二、工匠文化的分层

传统家具行业维系着生存的需要，工匠的实践不可避免地带有阶级属性的色彩。比如说，农村作坊的个体经营者和在城市经营工作室的年轻工匠，其对于作品和生活的态度可能会完全不同。因此如果单纯参照其执业的类型并不能完全描述传统家具工匠的社会分层情况，还应该对工匠进行文化实践层面的考察。根据涂尔干的理论，经济资本、教育资本（如审美教育）、社会资本（如社会关系、城乡差异）、符号资本（名誉）的不同，会直接或间接地作用于社会文化的分层。这种与阶级地位相对应的差异性必然会导致工匠处于不同的文化区隔，并对创作产生不同的态度和实践的差异。同时，这些资本可以相互转化，这意味着可以通过制定相关的政策对工匠的文化分层施加影响。从这个意义上来说，尽管在今日多元的社会中，市场以作品来认定其存在价值，但在家具行业当中仍存在两种不同的发展策略，即保守（继承）和颠覆。处于不同的地位和出身于不同传承制度、具有不同习性的工匠会有态度上的差异，并持有不同立场的解读观点。一般来说，占据“正统性”地位的工匠群体，如工艺美术大师（或非遗传承人）出于区隔意识，倾向于选择保守策略，强调家具的传统性和继承性，希望引导工匠将生活态度和工作原则代代相传下去。他们认为创新应是建立在传承基础之上的渐进式创新，对于其他类型的作品，难免会产生质疑或者不认同的态度。这种立场在无形中对传统文化的继承起到一定的作用，但其跟随者往往难以复制其成功的模式，面对市场时压力也较大。非正统匠派出身的从业者，以工厂制习艺或自由习艺的方式进入家具行业，他们所受传统束缚较少，认为家具的艺术形式应随市场的变化而创新，因而更提倡具有创作性质的个性的表达。他们大多因兴趣的支持，在尝试的过程中即使一时受挫也不急于转业，实际上他们也通常能基于市场反馈迅速调整创作的方向，以适应快速变迁的社会。

与过去的情况相比，现在从“熟人”的网络中获得的技艺传承的成分少了，人们可以通过多种途径接受多元化、多层次的文化。这些文化大多是现代的产物，传统木作文化的传承面临着极大的挑战，就专业性较强的家具行业来说，大部分的产品将被大工业生产的产品所代替。工匠如果还是依靠传统的方式经营，他们将无法以此为生。因此，在社会变迁的背景下，受到生产方式、生活方式、产品属性、职业角色等多方面因素的影响，木作工匠面临着身份的转型。在社会组织方面，如涂尔干所言：“一种社会类型不断退化，就意味着另一种社会类型不断进化，而后一种社会类型正是劳动分工的结果。”[①]由熟人社会中所发展出来的木匠本人或作坊直接面对消费者的供给关系，转变为商业社会中厂家、经营者与消费者三者之间的商业行为。这种关系上的变化导致工匠的成就感减弱，并切断了工匠与产品之间的情感连接。传统家具从纯手工的生产方式转变为机械制造，在这个过程中，传统木作技艺的学习制度与技艺逐渐减弱。同样，共同的信仰和归属感以及由此发生的互助共利行为是近代木作行业组织存在的基础，随着木作技艺的重要性大为减弱，信仰奉祀的观念已经淡化，这些联系逐步为分工和经济联系所形成的纽带所代替。如马克斯·韦伯所言：“手工业者比农民更会理性地学会思考自己的劳动，打破了巫术观念或仪式的观念之后，会倾向于接受一种理性主义的道德人生观或宗教人生观。”[②]

从一技在身到只是一份工作，技艺曾经是“饭食本”，当时的家具及木工制品市场中，拥有木工技艺的师传或艺成学徒，就如同拥有技艺资本的人，可以将其转化成市场中的经济资本。因此，拥有一技之长，在当时是非常重要的。通过师徒制所建立起来的师徒与同门师兄弟关系，都是围绕着这项技艺资

① 涂尔干认为，古代维系团体的共同意识逐渐被分工制取代，社会分工使每个人在消费上依赖于其他人。分工使社会像有机体一样，每个成员都为社会整体服务，同时又不能脱离整体。分工就像社会的纽带。见涂尔干：《社会分工论》，渠东译，生活·读书·新知三联书店，2000，第152页。

② 马克斯·韦伯：《经济与社会》第一卷，阎克文译，上海人民出版社，2010，第614–615页。

本而发展出各种社群关系和网络，由此形成彼此在产业中的生产与供给链，在某种形式上建构了因师门关系而发展出来的社会伦理。当工业化机械发展出来后，许多传统木作技艺的必要性降低，这使得技艺资本贬值，无法有效转化成经济资本，反而是标准量化的生产模式决定了市场资本，原本围绕着木作技艺所发展出来的社群关系及网络亦开始发生变化并趋向解体。

三、结语

传统发生变迁是因为“它们所属的环境起了变化，传统为了生存下去，就必须适应它们在其中运作，并依据其进行导向的那些环境”[1]。随着时代的变迁，传统家具文化中的隐性部分，如行业信仰、工具崇拜、仪式等因为载体的消失而呈现减弱、脱离、分离等变化；行业约束则因为现代科技的发展、人们契约精神的增强而为标准、法规所代替。传统家具文化中显性的部分虽得以延续，但在内容上有了新的变化，比如通过跨界、融合当代文化艺术等，创新速度明显加快；通过表现形式的多元化，满足现代人的生活方式与审美观念；技术作为变革的重要驱动力，形成家具的技术文化等。从避免传统家具文化断层的角度来看，以传统家具工艺为基础的面向艺术化、技术化发展的变化，是值得肯定的尝试。在过去，传统家具以实用为目的，有市场上的刚性需求，但艺术化创作的作品，容易有销售市场的问题，通过应用新技术加工的“新中式”家具又存在对手工产品市场冲击的问题。实际上，传统家具在创作上虽然有题材、结构的束缚，但是其作品的艺术和工艺价值在现代社会仍有转换的空间。因而，这些探索对于传统家具工艺的延续是有作用的，在其发展的过程中，可以通过艺术和技术的交互影响，产生相互融合的产品或建立分层机制，而工匠也因此能够创造具有自身独特价值的产品。目前对工匠需求的增长和木工技能的稀缺性，正改变着人们对工匠的观念，与这些技能相关的地位也开始提高。事实上，这种看法正朝着积极的方向发展。

---

① 爱德华·希尔斯：《论传统》，傅铿、吕乐译，上海人民出版社，2009，第277页。

传统工艺来源于生活，因而在现代社会，更应向现代设计转型，跟随时代的发展，吸收新的内容，贴合民众的生活需要。比如前面提及的中式家具，在当代艺术的影响下，在传统的基础上产生了新的艺术形式。在采访的案例中，很多年轻的工匠们都在试图寻找突破，开发差异化的作品，当然很多时候会在消费者的需求、市场和美学原则之间做出妥协。

主要参考文献 ≫

[1] 王世襄. 明式家具研究 [M]. 香港：三联书店（香港）有限公司，1989.

[2] 李约瑟. 中国科学技术史 [M]. 北京：科学出版社，2002.

[3] 文震亨. 长物志图说 [M]. 海军，田君，注释. 济南：山东画报出版社，2004.

[4] 赵汝珍. 古玩指南全编 [M]. 西安：陕西师范大学出版社，2006.

[5] 艾克. 中国花梨家具图考 [M]. 北京：地震出版社，1991.

[6] 柳宗悦. 工艺文化 [M]. 徐艺乙，译. 南宁：广西师范大学出版社，2006.

[7] 王圻，王思义. 三才图会 [M]. 上海：古籍出版社，1988.

[8] 高镰. 遵生八笺 [M]. 王大淳，校点. 成都：巴蜀书社，1988.

[9] 午荣. 鲁班经 [M]. 张庆澜，罗玉平，译注. 重庆：重庆出版社，2007.

[10] 闻人军. 考工记译注 [M]. 上海：上海古籍出版社，2008.

[11] 李诫. 营造法式 [M]. 北京：人民出版社，2006.

[12] 王世襄. 清代匠作则例汇编 [M]. 北京：中国书店出版社，2008.

[13] 杨耀. 明式家具研究 [M]. 北京：中国建筑工业出版社，2002.

[14] 艾克曼. 家具结构设计 [M]. 林作新，李黎，等译. 北京：中国林业出版社，2008.

[15] 王天. 古代大木作静力初探 [M]. 北京：文物出版社，1992.

[16] 林寿晋. 战国细木工榫接合工艺研究 [M]. 香港：中文大学出版社，1981.

[17] SARAH HANDLER，Ming Furniture in the Light of Chinese Architecture [M]. Berkeley：Ten Speed Press，2005.

[18] 薛景石. 梓人遗制 [M]. 济南：山东画报出版社，2006.

[19] 计成原. 园冶 [M]. 陈植，注释. 北京：中国建筑工业出版社，2009.

[20] 王正书. 明清家具鉴定 [M]. 上海：上海书店出版社，2007.

[21] 潘谷西，何建中. 营造法式解读 [M]. 南京：东南大学出版社，2005.

[22] CRAIG CLUNAS. Chinese Furniture [M]. Charlotte：Baker & Taylor Books，1997.

[23] 李渔. 闲情偶寄 [M]. 北京：中国社会出版社，2005.

[24] 屠隆. 考槃余事 [M]. 杭州：浙江人民美术出版社，2011.

[25] 赵广超. 不只中国木建筑 [M]. 香港：三联书店（香港）有限公司，2006.

[26] 柳万千，等. 家具力学 [M]. 哈尔滨：东北林业大学出版社，1993.

[27] 阿恩海姆. 艺术与视知觉 [M]. 滕守尧，朱疆源，译. 成都：四川人民出版社，1998.

[28] 秦一峰. 明式素工圆方形制 [M]. 上海：上海人民美术出版社，2009.

[29] 马书. 明清制造 [M]. 北京：中国建筑工业出版社，2007.

[30] 吴美凤. 盛清家具形制流变研究 [M]. 北京：紫禁城出版社，2007.

附　录

主题一：传统家具制作技艺传承人对行业历史的回顾与未来发展思考

附录1

李永芳先生访谈录

被访者：李永芳（1935—2018），京作硬木家具制作技艺第三代传承人，先后担任龙顺成中式家具厂党委书记和技术科长，与明清家具研究专家陈梦家、杨耀、王世襄等人多有交流。退休后创办了北京龙艺盛古典家具有限公司，年近八旬仍孜孜不倦设计并监制紫檀、黄花梨等精品家具生产。本次采访主要是了解民国时期鲁班馆硬木作坊的生产经营、工人的生活情况以及公私合营后龙顺成的发展情况。李永芳为王世襄先生修缮的透雕麒麟纹交椅安放在上海博物馆供后辈学习，老先生已于2018年10月驾鹤西去，谨以此文作为纪念。（以下简称李）

采访者：薛坤（以下简称薛）

情况说明：本次采访时间为2013年10月，地点为北京市房山区良乡。

薛：您大概从多大开始学木工？当初为什么要学这个？

李：二十多岁，我开始是在鲁班馆义成福记当学徒。那时候从事硬木家具修理的师傅大部分来自河北南边的衡水、冀县、深县、南宫、枣强等地。因为生活困难，经过老乡介绍到北京，找个能去当学徒的地方。

薛：您家里有兄弟吗？您什么时候做的学徒，刚开始都是做些什么呢？

李：有三个兄妹，弟弟很早就离开家在外边工作了。家里有六十多亩地，算是中农吧。我是老大，也是家里的主要劳动力。1952年，我父亲转业回家，我就从农村老家出来，到了我岳父张秀勤那里。他经营“义成福记”，我在那里开始做学徒，干木工，一干就是五年。刚做学徒的时候都是做一些粗活，一天工作十五六个小时以上。

薛：厂子里有多少人？通过什么方式招工人？生活怎么样？学徒工有工钱吗？

李：一般有十来个工人，义成福记柜上有四五个人吧，也都是老乡，大都是来自河北南部附近地区，例如衡水、枣强、南宫等这些地方，（大家）也都是亲戚或关系介绍过来的。那时候我们生活比较艰苦，没有工钱，但是年终掌柜会根据经营情况赏赐。我们这些学徒做饭，每个月初二能吃一次荤，伙食就都是柜上提供，一天三顿，一粥两饭。住在作坊，一个人一个铺盖，没有固定的床铺，晚上就在白天干活时搭的床板上睡觉。

薛：有工资的人，工资怎么算呢？

李：有按月的，还有按件的。按月算的话，根据手艺，每月的工资从两三元到一二十元，（工龄）刚满月的学徒工资少，但是每年都会有所增加。按件的话，平均每月在十七八元，勤快的学徒工资每月在二十元以上。还有一些临时聘请的，他们工资最少，做一日算一工。

薛：您开始有工资的时候一个月能拿多少？

李：我在义成福记的时候工资不固定发，得卖了货，柜上有了钱才能发。

薛：当时生产情况不好？工资有标准吗？

李：不好，有时候半年发一次，有时候到年终才能发放一部分，合营以后工资才按月发。工资一般参考同行业的情况，十多家都差不多，我师兄这样的水平能拿到六十多块钱。我生活费有八块钱，后来涨到十二块钱，出徒后每个月二十多块钱，扣掉生活费，剩下的钱回家的时候一块带着。合营之前我的工资达到三十多块了，合营后工资是三十六块。

薛：学徒工都是从什么开始学起的呢？

李：都是先干粗活，干些下手活，也修些破旧家具，翻新。后来先学的油工，学木工的本身就带这一块儿，以前木工行不都有个惯例嘛，凡是做学徒的先做油工。油工的主要工作是擦蜡，一般干点下手活，擦蜡就都会了。蜡活的家具，先补一下色。把蜡涂上去，把白炭放到形状类似篱的铁丝网，靠近表面烤，蜡虚化了以后，吃在里面，再拿粗布擦亮、擦干净。磨好打过蜡的家具锃亮，能照见人影，破旧家具经过修整后整旧如新。

薛：烫蜡前要打磨吗，用什么打磨？

李：要，那时候用石头打磨，将家具表面过一下水，毛刺就翘起来了，然后用木贼草磨一遍。以前都是用木贼草打磨，家具店叫锉草，应该是1980年以后才开始使用砂纸。

薛：除了翻新旧家具，您还做什么工作？

李：后来我开始制作一些新家具，这里有一个从简单到复杂的过程。我现在还记得自己第一次做的一张黄花梨小炕桌，做完以后发现攒面皮崩了，一只腿翘棱。这种现象木工行里叫“皮楞窜角楞框，皮楞错了装不上”，俗称“狗尿泡”。重新拆开、组装的时候我就琢磨，应该是下面做得不对，攒面的时候一边低一边高，它就不平了。有时候肉眼看不出来，最简单的检查办法是拿两个一般大的方料，搁上去平了说明这个平了，四面都平。那个小桌子做出来就等于做坏了，从表面上看是面不平，其实最终是榫卯的问题，榫和卯之间配合不合适形成的皮楞。面不平，带的下面的腿也不平。我爱动脑子，一般尽量不问师兄，怎么出现的问题，怎么解决，非得研究透了，自己解决。经过这个挫折，后来就不会出现这个问题了。

薛：您年轻时哪一类活儿干得最多啊？

李：说起来，还是修整旧家具做的要多些。从学徒开始做些粗活，修些简单的家具。平时收上来的家具，也给修整修整，擦蜡，有些榫的木材不太好的、有破损的给修理一下。如果家具裂了，用同种木料填塞，榫卯结构松动也是用同种木料对榫卯进行填补，用接榫生根的方法加固，再用鱼鳔胶粘好。如果是桌面的面边不平，把桌的凹面用水弄湿，让木材膨胀。凸面加热烘烤，平了之后立即用蜂蜡封上，并用绳摽紧，防止再变形。

薛：您在那里干了多久啊？

李：我就一直在那儿干着，后来公私合营了，就进了龙顺成木器厂，那时还不叫木器厂，叫作龙顺成桌椅铺，后来与兴隆桌椅铺、义盛桌椅铺等大小三十五家铺面合并了，这些铺面的家具成了龙顺成的，那会儿把龙顺成两千平方米的仓库装得满满当当的，都快堆到房顶了。

薛：您都负责什么工作呢？除了技术上的学习，有没有去研究关于家具的古书呢？

李：我是龙顺成中式家具厂的技术科科长，主要负责审图纸、开料单和审核。我从二十世纪六十年代开始就经常去故宫博物院、国家图书馆，把很多经典家具的造型、图案纹样拓下来，记在脑子里，这也开拓了我制作家具的思路。

薛：您做学徒时，是跟着谁学的？

李：我岳父张秀勤，原本就是做家具的。在义成木器做学徒，后来被龙顺成定为第一代传承人。我就开始在那做学徒了，后来他老人家回老家养老，就让他儿子打理这儿。他儿子是张获乾，是京作硬木家具技艺第二代传承人。

薛：开始张获乾是在柜上学做家具吗？

李：木器行有句话，“少爷姑爷舅爷，不能在柜上”，因为担心在家学不出来，就让他在琉璃厂附近一家修复旧书的书店当了学徒。当时北平的旧书业、装裱业都比较发达，有宝文书局、三槐堂、三友堂等书店。这些书店主要经营古籍善本，还有一部分是书籍修复的工作。后来公私合营，他到龙顺成做了油工。张获乾做事非常用心，也非常注意学习和总结，手艺也是相当的好。旧木器铺的经营主要是“买好卖好”，一件家具能值多少钱，能卖多少钱要认准。制作的过程中工人哪里做得不对，他一眼就能看出来，因此在京城里鉴赏界都叫他“毒眼”。他店里家具的货色品味在鲁班馆是首屈一指的，王世襄、陈梦家等收藏大家都从他手里买过不少东西。在经营古旧家具的同时，张获乾注意学习和总结。遇到好的家具款式或者经典的局部装饰图案，他都尽可能地拓下来保存。早在1960年张获乾就系统地总结了传统家具中常见的榫卯结构，阐述明清家具的区别，他提出的观点在现在看来仍然具有较高价值。

薛：他退休以后去哪了？

李：从龙顺成退休后，张获乾回老家南宫了。在南宫，张获乾先生还曾给收藏家张先生推荐了两件黄花梨家具，并且张先生买了这两件家具。起因是张获乾的一位老伙伴离开鲁班馆后，回到老家南宫乡下务农，逛集时曾买了一批家具。后来老人年迈体衰，家境不裕，想把这批家具卖了，于是写信给张获乾，说打算出售几件家具，这里面有一张明式黄花梨大炕桌、一张明式黄花梨画桌、一张明式黄花梨方桌和一个面条柜子。在张获乾的推荐下，张先生买下了这些黄花梨家具。虽然表面铺满沥青、水泥和陈年油垢，但是这批家具都是精品，其中还有一张蒙满水泥的画桌，修复以后桌面的木质纹理巧夺天工。

薛：您还跟其他人学过吗？比如王世襄先生在《明式家具研究》中提到的鲁班馆的木工。

李：早些年跟着王世襄先生学了不少，他的《明式家具研究》我看过不少遍。书里面提到的鲁班馆的师傅有石惠、李建元、祖连朋，我都接触过。李建元是元丰成的掌柜，和张秀勤是师兄弟。他的技术很好，会出大样，在当时画图纸的技术是很不错的。合营后他就在龙顺成担任车间主任了，负责技术。祖连朋当时是在义成号，在张获乾师兄弟中他是最小的。虽然跟我的年龄差不多，不过我还得叫声师叔。祖师傅不认识字，不会画图，但做家具很厉害，告诉他尺寸就行。石惠师傅是义成福记柜上的一个工人，从别的柜上过来的。他的手艺也很好，人称“活鲁班”。当年王世襄先生的桌子，就是石惠师傅给修的。他师傅是义盛的，我岳父是义成的。所以我们是一辈人，他比我大十来岁，也是我师兄。他老家在三河小石庄，后来去龙顺成做木工，在龙顺成退休后就在老家的一个硬木家具厂当技术指导。

薛：您与其他文人有过交流吗？还给谁修过家具吗？

李：陈梦家，杨耀，还有黄胄。陈梦家喜欢明式家具，他的收入几乎全部用于收藏明式家具。《明式家具研究》和《明式家具珍赏》里除了王世襄先生收藏的家具，收录最多的是陈梦家的收藏，后来陈梦家夫人将二十六件明式家具捐给了上海博物馆。早年陈梦家夫妇住在朗润园内，室内清一色的明式家具，都是陈先生亲手搜集的精品。陈梦家收藏的家具有些也是从义成福记柜上买的，有意思的是他和王世襄在义成福记看到好的家具后，都互相不通信，等买了以后才告诉对方。在陈梦家先生的收藏中，有一张黄花梨的双层琴桌是我师傅修复的，琴桌是四面平式，正面与侧面各有两只两卷相抵的角牙，直足内马蹄。桌面上下两层，形成一个共鸣箱，内有铜丝弹簧装置用来与琴声共振，以助琴音。底抽板上有为调音律而开的六个小孔，可见明显是为操琴而特制。还有一对黄花梨空后背架格，是在义成福记柜上由石惠修复的，那时候没有新材料，是由旧家具改的。杨耀是原建筑工程部北京工业建筑设计院的总建筑师，我跟他是五十年代认识的，他主要做研究，从来不买东西。他也设计过一些简单的家具，比如沙发圈椅，还有一个他为母亲设计的纪念盒，我给他做的。盒子是三屏风样式，外面是旧料紫檀，里子是樟木，非常精致。黄胄先生是中国画研究院的副院长。他从二十世纪五十年代开始搞收藏，那时候工资很低，大概有八十多块钱，但是他的收入全部用来搞收藏，卖画的钱也是为了买画和古玩。

薛：您能说说龙顺成的发展历史吗？

李：公私合营的时候，叫龙顺成木器厂。“破四旧”等运动的时候，有很多难得一见的精品家具都被保留在了龙顺成。紫檀、黄花梨估计有几百件。那时候黄花梨要比紫檀多。

薛：您有修过什么特别好的老家具，或者特别让您记忆深刻的吗？

李：当年跟着王世襄老先生，他收藏了很多明清家具，那些家具后来捐给了国家，我帮着修了不少。在捐赠的这批家具之中，有一把经典的明代黄花梨圆后背交椅和一件紫檀画桌，那个交椅的做法很讲究，上面有麒麟、山石、灵芝图案，雕得很好。这个交椅还是以前一个打鼓的卖给柜上的。现在说起来，那个交椅也是难得。

薛：在龙顺成您设计过哪些作品？

李：在1969年国庆节的庆祝活动上，为了方便现场观看，庆典指挥部从国营天津无线电厂调来电视，龙顺成负责制作电视柜。我带着技术科出了五个方案，周恩来总理圈定了“梅花欢喜漫天雪”这个设计方案。我们用黄花梨材料，用典型的明式家具风格给设计的。做的时候配合整块木头雕梅花，做图案。当时做这个很耗费人力，整个柜子简洁、大方，纹饰精巧朴素、典雅。后来还设计了中南海紫光阁大屏风、北京饭店合欢木大屏风、民族饭店小餐厅家具等作品。我设计的“拐子沙发”在龙顺成挺畅销的，还有“李氏圈椅”。

薛：那时候黄花梨多吗？您对传统家具的用材有什么看法？

李：那时候都说黄花梨没有了，民国时期一直到新中国成立后好长一段时间，都没有黄花梨做的家具。全国物资交流大会在上海召开，海南行署带了一批黄花梨作为当地的土特产参加这个交流会，会后这批材料被当成普通材料留在了上海雕刻四厂，做了一些柜子的背板、桌子的抽屉。我们龙顺成派工人到上海学习，在上海雕刻四厂看见了那批家具，然后就跟我联系，说是像黄花梨材料，但不敢确定。我就让他们拿回来些样板料，后来确定就是海南黄花梨。那时还是处于计划经济时期，就向国家物资局木材局申请从海南调拨黄花梨材料。到了1964年，我去海南带回了35吨黄花梨木材，用这批材料做了一批沙发。传统家具选料讲究材尽其用，要根据木材的特性来决定用途，在最能发挥它材料特性的部位使用，而不是一味地追求红木材料。比如说泡桐材质比较松软，却是做古琴的好材料。所以说在选材上，应该材尽其用。

薛：您在厂里的时候做圈椅都用什么材料？做圈椅难吗？有图纸吗？

李：做圈椅是在公私合营以后了，原材料是进口的。图纸都是由技术科提供的，那个圈椅是李建元设计的，只有一张，按1∶1的比例画的。圈椅是多角度做的，所以不简单，那也是我第一次做圈椅，一次做了四把。那时还是按工记，四把圈椅用了十八个工，是纯手工做的，完成后龙顺成的师傅还挺欣赏的。

薛：做这个圈椅有什么特别需要注意的吗？

李：座面会比较讲究，压席边得很细致。座面下压个一厘米厚的木板，而且不是用鱼鳔胶，要用猪血发酵后形成的血料来粘草席，那样不会有湿度。

薛：您以前都怎么画图纸呢？

李：比如制作三弯腿，我一般都要画出两个图纸，然后做出立体的样品。如果只会画单面，不会画两面的，脑子里就没有层次感。我一般想好什么样子，都要先做个样品，车间再按照样品制作。

薛：有雕刻的部分吗？

李：雕刻的部分按照传统的纹样拓下来，家具上的纹样借鉴玉器、青铜器上的比较多。图案的应用还要恰到好处，不能生硬，得根据家具的部件尺寸放大或缩小，或繁复或简练，才能做到最佳效果。

薛：您是京作硬木家具制作技艺第几代传承人了？您孩子有没有跟您学这个？

李：第三代。第一代是我岳父张秀勤，还有高福生，都是一辈人；然后就是张获乾，义成福记等老一辈人，这是第二代；我们是第三代，包括我，还有龙顺成等一些人。我最小的孩子，后来跟着我学的这个。

薛：那时候龙顺成有和其他公司合作吗？当时从哪进口材料？

李：那时候是和中国工艺品进出口公司北京分公司合作，由进出口公司指定款式，负责进材料，材料一般来自东南亚，紫檀、红酸枝、鸡翅木等硬木材料都有。

附录2

李玉水先生访谈录

被访者：李玉水，李永芳先生的儿子，1960年生，河北南宫人，师承龙顺成退休的师傅陈贤恩，1995年与其父李永芳先生创建以精仿高档京作硬木家具为主的红木家具厂，并于2001年成立北京龙艺盛家具有限公司。本次采访主要了解李玉水先生从学徒到经营的木作行业从业经历。（以下简称李）

采访者：薛坤（以下简称薛）

情况说明：本次采访时间为2013年10月，地点为北京市房山区良乡。

薛：您什么时候学的木工？

李：我是1981年在河北衡水的一个雕刻厂当的学徒，那时候刚改革开放没两年，家具行业正是好的时候，政策上还不允许单干。全国算下来也就四家硬木家具厂，北京、广州、苏州、上海各一家，那时硬木家具产品的订单也是多得做不过来。龙顺成生产能力也是有限，就派了技术人到北京周边的县市三河、东光设了几个加工点儿。衡水离南宫老家比较近，那年就到河北衡水雕刻厂拜的师傅。

薛：您跟着谁学的？

李：龙顺成退休的老师傅陈贤恩。陈师傅当年在龙顺成退休后，在衡水点带徒弟。陈师傅要求很严格，就是做个桌子或者花架，都得用方尺检查。我记忆最深的是有次做了个花架，他要求花架的腿往两边挓的尺寸要一样，一边挓出八厘米，那么另一边也得挓出八厘米，两边得一样。道理说起来简单，但做的时候就很容易出现做得一边合适、一边不合适的情况。我第一次做的时候没有挓好那个角度，陈师傅指出来了，当时年轻气盛嘛，我不服，说是尺子不准，陈师傅说尺子不准还用什么，当时就把我的那个尺子给丢出去了。我把尺子捡回来，从那时起我就要求自己一定要精益求精，做好每件东西，后来才得到师傅的认可。

薛：严师出高徒，您是什么时候开始自己做的呢？

李：1984年，我到北京外贸出口公司下属的京艺家具厂做样品制作。当时的传统家具行业处于高速发展过程中，公司出口量大，形成了批量化生产，需要质量高、速度快的机械化的生产。后来我跟父亲商量，想做自己喜欢的艺术品，供人们使用、收藏。我就在北京南站附近租了三间厂房，也认识了很多热爱传统家具的朋友，在他们的帮助下，2001年我在北京成立了龙艺盛公司。

薛：“龙艺盛”有什么含义吗？

李：“龙”代表龙顺成，溯本思源的意思；“艺”与“义成福记”中的“义”谐音，想表达怀念恩师，谨记师傅教诲；“盛”字寓意传承古典家具文化，把师傅的技艺传承下去。

薛：您父亲来给您指导过吗？他对您有什么影响？

李：创业初期，我父亲经常来厂里看看，指导设计和生产，并亲自设计和监制紫檀、黄花梨的精品家具。他老人家在厂里的时候，我们家具的形制、尺寸、比例、用料大小都非常严谨，他帮公司指导了不少。这么多年我技术上的提高，父亲对我的影响是很大的。另外，我做事认真、一丝不苟、追求完美的态度，也和我父亲的教导分不开。他在原则问题上很严厉，平时还是挺慈祥温和的。我们三个兄弟中，也就我跟父亲平日里聊得最多。只要我俩在一块儿，一见面就有聊不完的话题。张获乾在的时候也非常关心我的行业，每到过节的时候我就去看他。

附录3

田燕波先生访谈录

被访者：田燕波，1955年生人，北京市非物质文化遗产传承人，北京市京作硬木家具制作技艺传承人。自1987年至今，多次为国家领导人设计礼品及家具，先后参与了北京饭店贵宾楼及其部分总统间的家具和室内装修设计，主持设计了首都机场T3航站楼元首厅、多个中国驻外使领馆等古典家具制作项目；负责香山公园、北海公园、颐和园等处的家具复建工作。田燕波于2007、2010年两次参与国家红木标准的编写制定工作，获得标准创新贡献奖。本次采访主要从田燕波先生的木工学习经验了解二十世纪末红木家具行业发展情况，听取他对传统家具行业未来发展的思考。（以下简称田）

采访者：薛坤（以下简称薛）

情况说明：本次采访时间为2013年10月，地点为北京市大兴区。

薛：您好，田师傅。您大概从多大开始学木工的？

田：17岁。我初中刚毕业回来。在老家跟着一个老师傅学习制作简单的农具、风箱、板凳一类的家具。学了一段时间后，就想出去学些好的手艺。当时我被介绍到河南纺织机械厂的后勤部门当学徒，干木工，给工厂办公室做家具。苦练技术，那真是一练就是好几天，尤其练拼缝的时候，两只胳膊都练肿了。

薛：具体是什么部件的拼缝？

田：给椅子面拼缝，每天练一两百个椅面。后来到什么程度呢，就是听那个刨子的声音，就能判断拼缝的紧密程度。

薛：您有没有教过别人？

田：有。2001年左右我是龙顺成的设计总工，正逢老师傅们大量退休，年轻技工都习惯按图施工。新招的大学生都会操作电脑，但是不懂绘图规范。为了带出一批大学生，我就白天给那些大学生讲家具的造型、结构、设计思路，晚上讲计算机绘图，这样带出了一批大学生，给公司完成图纸的全部数据化。我带着大学生完成了香山公园、北海公园、颐和园等工程的家具复原工作。

薛：您做家具的时候有没有遇到过什么问题，比如技术上的难题？

田：有。那是1977年吧，到大兴安岭做家具，开始就遇到了问题，刚做好的家具还没等交货的时候，出现了开裂。开始我想了好几天，后来发现大兴安岭的冬季室内外温差太大，湿度差别也大。当地产的落叶松和白桦松，硬度大，木性也大，而且还是自然晾干的，没有通过人工干燥去控制含水率。我这才对制作家具时对木材的特性、当地环境的要求做深入的了解，去进一步的学习。

薛：您什么时候去的龙顺成？

田：那还是在知青返城之后了，我随着我父亲返回北京，在北京等了一段时间，1979年我被分配到北京市硬木家具厂。

薛：等分配的时候，您有干什么活吗？

田：有啊，我在街道组织的木工组为“没票儿”的人定做家具，当时家家户户都有搭地震棚拆下来的旧木料，所以活特别多，每月能收入两百多块，日子过得还不错，还受到了街道负责人的表扬，说我是“靠自己双手吃饭，不在家中当闲人”的模范。

薛：那时候厂里有很多技术人才吧？您的师傅是谁？

田：那就多了，木工有李建元、石惠、李永芳、陈书考等，雕工有擅长雕刻人物，在鲁班馆一带号称“小人王”的王爱德，还有擅长雕龙、能雕能画的陈廷错，油工有烫蜡一绝的贺建亭师傅。我师傅是张如峰，他教我画线。

薛：您能详细说说这画线吗？

田：他是木匠行里的领作，因为榫卯的位置，以及榫卯的深度和大小，包括起什么样的线型、雕刻的深度等等，都由线说了算。一件家具的好坏，跟榫卯是否合适有很大的关系，画线决定着榫卯的合理性。

薛：您那时候的工作时间是怎样安排的呢？

田：那时候为了增加产量，龙顺成将生产改为两班倒。早班为早上六点到下午两点，晚班为下午两点到晚上十点。那时候对于我来说也是一个严峻的考验，因为两个画线的人见不着面，有问题必须独立解决。

薛：您是怎样克服的呢？

田：通过师傅的引领，很快我就把心放肚子里了，在我干画线的七年中，木工按照我画的位置进行加工，几乎没有出过什么差错。

薛：您干这个画线，做了多久？

田：这个一直做着。学习新的东西，到1987年我调入技术科。设计硬木家具，也设计中式装修。不过随着时代的进步，感觉还是知识不够用，所以就钻研制图，编写工艺。

薛：您在工具方面有什么创新吗？

田：说到工具，1986年的时候龙顺成设计了一款圆墩，车间加工的时候，牙板在立刨上加工需要卡在模具上，进刀的时候先戗茬、后顺茬，戗茬的时候稍有不慎就容易打飞，容易发生危险，生产效率也低，我就自己改进了模具，厂里组织技术科、设备科对这项改进加以论证，认为非常成功，我也获得了厂级先进的奖励，年底我又被评为北京市建材局先进生产者。同样的机器，若能在模具、卡具上下功夫，就能提升质量，提高安全系数，进一步提高效率。

薛：您对传统家具行业中的技艺及设计等问题是如何思考的呢？

田：我觉得靠手艺吃饭的木匠，能把生长千百年的、来自世界各地的木材赋予艺术的生命，是一种机缘。因此，应该对木材心怀敬畏，珍惜材料。

薛：您觉得怎样才能成为一名好的家具设计师？

田：一个好的家具设计师首先要有精益求精的追求，认真推敲每一个细节；其次还要精通木工、雕刻、打磨烫蜡、铜件装饰等工序，了解木材性能，合理利用木材的颜色、纹理等，使之利用特点来掩盖瑕疵；最后要多揣摩和学习前人留下的经典家具，深悟其道才能总结规律、举一反三，进而提高自己的水平。

薛：关于传统家具的创新，您有何见解？

田：我举个例子，不同时代流行不同的花活，如果把清末、民国的流行元素与乾隆年间的纹饰混合在一起，即使雕工再好再精，也会失去明清家具所应有的价值。过去师傅一说乾隆年间，大家都知道那时的花活流行麟龙、西番莲、博古等。现在乱用纹饰的不在少数，觉得寓意好，就什么都往上雕，成了大杂烩。曾有人在明式翘头案上雕刻了蝙蝠纹，寓意好，雕工也不错，却失去了明式家具含蓄、简约的韵味，因此，这翘头案始终卖不出去，直到商家找到了原因所在，将蝙蝠纹打磨去了才有了买家。

薛：您可以介绍一下您的代表作品吗？

田：这个是直腿螭纹独板罗汉床。中国传统文化注重礼仪，讲究正襟危坐，并不追求舒适度，因此座高普遍偏高，在保留传统家具整体古典韵味的同时，为了让坐者更舒服，我把座高降了三十毫米，在两侧床围的端部增加了边框，增强了罗汉床的整体厚重感。也融入了新的元素，后尾上采用三组团龙纹饰设计，看似缠绕的两条团龙是寿字的变体，也增加了美好的寓意。

主题二：传统家具制造企业、作坊的经营状况及行业发展现状

附录4

李广进先生访谈录

被访者：李广进，1968年生人，河北大城人，紫檀伽苑创始人。本次采访主要了解以李广进先生为代表的红木家具经营者的生产经营情况及对红木家具行业市场现状的看法。（以下简称李）

采访者：薛坤（以下简称薛）

情况说明：本次采访时间为2017年9月，地点为北京市朝阳区十八里店南桥吕家营古盛发家具城紫檀伽苑。

薛：苏作和京作有什么区别呢?

李：苏作红木家具只是做工，是一个流派的问题。现在做的家具，好多的东西都相互影响了，当然大部分还是当地的做工比较多。

薛：对，基本融合了，但是苏作跟京作这个款式还是明显的不一样的。您觉得京作的特点是什么?

李：京作有苏作和广作的优点。这就说到乾隆，他喜欢的应该是广作的家具，广作的工艺连北方的都有，看起来很笨拙。我感觉京作家具的鼎盛时期是乾隆时期，标准就是乾隆的标准。

薛：您怎么看待红木家具标准?

李：国标是强制性标准，我们按行业标准。古典家具都是艺术品，人见人爱，大公司很难做出好的产品出来。好的产品必须是研究这个的老匠人能做出来，他就以这个为生，太保守的人做不出好的作品。太保守的老家具，并不是每件都是精品。当然，创新不能拿现在的标准做参考，古典家具主要

是它独特的风格。

薛：您现在有没有创新的作品？

李：没有，应该说我的作品还可以，有欠缺。

薛：那您觉得欠缺在哪一块？

李：欠缺的是影响力。现在很多企业都打广告，鱼龙混杂，一点艺术感都没有，这样是不行的。

薛：听说大城开始就是从收这个老家具做起的？

李：从二十世纪八十年代开始的，说句不好听的话，现在所谓的专家很多都是炒作出来的，在大城人才比比皆是。现在好多家具结构都不行，包括现在的新中式，结构很多都不合理。

薛：对。很多进口木材海关从哪走都可以吗？还是规定的？

李：没有手续不能走，有手续可以。

薛：大城的那个早市还有吗？

李：那个已经变成很大的红木基地了。有一个误区，过去的老家具不是海黄，海黄是近些年炒的，过去的老家具百分之八十的都是越黄，说老家具是海黄的都是错的。以前的鸡翅也是东南亚地区的，以前是没有黄鸡翅，现在有很多黄鸡翅。乌木也是老东西，不便宜，也是东南亚国家的，我们云南也有产的。

薛：以前在北方还有贴皮的工艺，您听说过吗？

李：那是做工问题，榉木贴红木皮、黄花梨皮等，这个多了，以前的工艺很好的，都贴的不到一毫米的花梨的皮。以前老家具好多打了眼的就是因为贴了皮的，最早的时候说到黄花梨，那时候书还少，就按鲁班尺的尺寸，那时候不会差的，看一下尺寸就知道是真的了。现在吧，就是年代一过，就有做旧，那时候就把家具做好了，然后单件散件拿出来做旧，有的半年，有的几年。做完了再放到偏远山区，有的时候还能自己再买回去。

薛：现在还有老的鲁班尺吗？

李：我们那的木工就有用鲁班尺的，任何家具都得避开不好的尺寸，老的家具（尺寸）都是吉利的，新尺寸是量不出来吉凶的，拿鲁班尺一量就知道了。老家具太讲究了，同样是椅子，玫瑰椅就便宜，圈椅也便宜点，最贵的是交椅。

薛：有时候一看这椅子，就知道是不是大户人家的。

李：这不是大户的问题，有时候再有钱也买不到，得看地位。有的是紫檀的贴红酸枝的皮，他不敢用。那时候交椅不是一般人能用的，就跟宝座一样。

薛：有一般材料的吗?

李：有老榆木的，做工好、年份好的也值钱。但是肯定比不上紫檀花梨。

薛：这东西一做旧，这没法鉴定啊。

李：见过的一眼就能看出来，没见过的就是天天鉴定也鉴定不出来。

薛：您厂里现在有多少工人？主要是在做紫檀材料的家具吗?

李：一百多人吧。什么材料的家具都做。

薛：那现在是缅花为主？还是大红酸枝为主?

李：红酸。没有再低的了，至少缅花以上。

薛：新中式现在是不是用非花来做了？也有用缅花来做的?

李：有。不过一般的好料都是做古典的，新中式没有用特好的如红酸以上材料，说白了，新中式也就是用中国元素。以前用的家具主要还是传统的椅子凳子，后来好多人都喜欢外国人的。现在中国人都冷静了，喜欢中式的也越来越多了。新中式适合大批量的生产，现在只是一个开始，新中式无论哪方面都尚不成熟，它也没有条条框框，就看谁买。

薛：大城做得比较好的这几家都是从收老家具开始的吧?

李：对，人家自己就做过木工，见过老家具。我自己也是从收旧家具开始的。

薛：大城有多少家做红木家具的？有做紫檀家具的吗?

李：红木有上千家吧。做紫檀的不清楚。

薛：一开始就是从那几个村开始做的?

李：对，做这老家具的，大概百分之四十到百分之六十的是冯庄和刘庄子这两个村的。青县刘庄子村，跟我们一起做这个的，直线距离三公里。

薛：现在还在干这个，还是做新的了?在你们村子里做吗？

李：老的偶尔做，还是跟以前一样，基本三四天就能上一件老的。一个小圈椅，紫檀的，起步价三十万元，现在就是做旧，还在村里做。北京房价不便宜，就靠马路边的小厂房。

薛：现在村里这个做红木的比以前多了，还是少了？

李：多了。做老的越来越少了，都做新的了。

薛：那是不是也分工了？是不是也有专门做小件的？

李：单独的也有做小件的，小件花不了多少钱，去大厂收的料头就行。

附录5

高绪新先生访谈录

被访者：高绪新，1967年生人，山东省淄博市淄川区民间工匠，从事木工工作近四十年。本次采访主要了解以高绪新先生为代表的传统木作民间工匠的生存现状。（以下简称高）

采访者：薛坤（以下简称薛）

情况说明：本次采访时间为2018年8月，地点为淄博市淄川区招村。

薛：您是从什么时候开始学的木匠？为什么要学木匠活呢？

高：我是从1981年开始的，那一年下学，我们村里的发小们在这一年全学木匠了，学了就没停下。

薛：您是跟谁学的？是不是那时候拜师都得有亲戚关系才行，得交学费吗?

高：我姑父介绍的。我大姑夫是北苏的，以前是淄川木器厂的。需要交学费，就和念书一样，一个月是二三十块钱学费，不知道他那时候那些人学几个月。

薛：他们学完了是自己去做了还是去他那里做？

高：没做的，只是去学的，我这是从正月二十八去，学到八月份。七个月左右，具体的日期记不清了，大约是快掰棒槌（玉米）的时候，我之后就没再去做这个。

薛：自己做了以后你又收徒弟了吗？

高：没人做这个了，现在的小孩没有再下这份力的，都开始做机床了，最近这段时间有招徒弟。

薛：穿棕有什么技巧吗？一个人穿还是两个人穿？

高：这个需要使劲，得下力气，不使劲穿得不紧。还得讲究技巧，你要知道这棕有多少劲，拽到一个什么程度，一下把它拽断了也不行。一般需要两个人穿，当然，一个人也有办法穿，但是一个人太费劲，两个人穿省力气。

薛：这个棕是怎么做的？得上哪去进这个东西？

高：这些东西都是贾官的，是人工纺出来的绳子。

薛：这个用什么油漆，得上几遍？

高：这个最少得上两遍，里面成分挺多，不知道具体有啥，以前是找人漆，现在别人不做了，我这才买了自己漆的。

薛：这底下是四股是吧？横竖得有多少股？一般这床的尺寸是多大？

高：现在都是四股了，以前是三根。横竖没正数，打的这孔有疏有密，距离这一个眼九或十厘米处打一个，一张床上打多少个眼，这个没数。根据穿棕穿得稀密，打的眼稀，穿的棕就稀，打的眼密，穿出来棕也会密。一开始是一米四，那时候没有大的，就是这个尺寸，之后一米半的、一米六的，现在已经做到一米八、两米二了。

薛：您这是从一开始就是学的床？穿这张床需要多久？穿好了再去给人家送？

高：到这以后做的床。以前基本上都是棕床，这个就需要用榆木材质的，硬度适中，软了木头不行，硬木头太结实也不行。穿这个床得一天工夫吧。这是给人家厂供的货，是邻居定做的这种。我一直就是给公义那边的乔家供货，现在都不做了。

薛：您就一直在这里做，在这边住吗？您这里有什么设备吗？都是什么时候买的？

高：嗯，就是小作坊。穿床的时候老伴和我一起拉绳，抽绳也没雇人，一直是我自己做。设备就是电刨、电钻、电凿、磨光机，用了一二十年的时间了。这个电刨，二十世纪八十年代要六百零几块钱，到了九十年代价格就上涨到一千来块钱了。

薛：那您一开始做都做什么？

高：我一开始做的就是床，从二十世纪八十年代开始做，那时候是去人家里做，给人家干活，那时候卖家具的多啊，淄川公义那里大集上的家具卖家很多。

薛：这村里还有别人做吧，他们说有好几家？这村从什么时候开始有木匠的？以前做木匠的多还是现在多？

高：没有做的了，就我自己在做。还有一家在东南角上，一个大门，他就是做油漆，以油漆为主，他做得少。木匠老辈就有啊，从1981年我去学的时候就有，都做这个。以前做木匠的多，这个村庄木匠挺多的，好几十个人做木匠。二十世纪八十年代，那时候生产队不愿意自己做，后来木匠才开始自己做的。

薛：一般您都是给别人做，不怎么零卖是吧？这样也没个牌子之类的吧？

高：嗯，就是他们要自己做张床就给他们做，不需要牌子，时间久了大家都知道了。

薛：您觉得这样式有啥变化吗，从开始做到现在？

高：样式变化好几种了，过去是三圆腿、七拿床（淄博方言，七件套的意思，是说床由七部分组成）、五拿床，现在成席梦思床了。

薛：七拿床把裙板算上吗？两个床头柜，一个床板，还有一个牙子，这四个了，再加上三个裙板，这就是七拿？那五拿、三拿呢？

高：都算上，一共就是这七样。五拿就是这个小床箱上用枨做上高起来一块，板和箱是一体的，就少这两样了，少了这两块板，就成五拿了。席梦思就是三拿床，就是两个箱子加上这个床面是席梦思，床头以前是和箱子在一起做高点，做成一块大板，这就是三样了。

薛：这些年就是主要做床和床头柜，还做箱子什么的吗？

高：不做箱，很久以前就不流行箱子了，流行橱子，现在橱子做的也少了，人们住楼房都装修上橱了，直接装在墙上了。

薛：您也没出去干活，就一直在家，在这个村吗？

高：嗯，从九几年开始在家做，以前是去人家家里做。

薛：您对现在的收入还满意吗？像这个得卖多少钱？一张床一般要多少钱？

高：收入的话，比着人家做机械的，这个劳动付出和收入不太成比例，比做机床收入低点。这种一个大床板一千多，料贵，现在成本高，这一根弓就一百块钱，这四块木头就得四百块钱，再加上人工费，现在人工费比料还贵。一张床的话，都是零着算，尺寸不一样。这两个箱子八九百块钱，床棕加床板一千二三百块钱，一个小床头橱百十块钱，都是零着卖，再加上人工、油漆，合起来一张床差不多得两千来块钱。

薛：您有几个孩子？家里还有别的收入来源吗？家里还有地吗？您家的主要开支是什么？

高：一个闺女一个儿子，闺女三十一了，儿子还小，二十二。我就在家干这个，没地十来年了。主要花销是买吃的。人情关系也要较大开支，一般礼尚往来像结婚、生孩子这种，三百到一千块钱，再少的话拿不出手了。电器买上一个能用很多年，这个也不需要经常换，电器花钱少。就像买这个冰箱，一下好几千块钱，但是用十年的话，平均一年才多少钱？

薛：这个手艺还能再往下传吗？没想再去做点别的？像做点红木家具之类的这种？

高：没有做的了传给谁啊，这个下力多挣钱少，现在的木匠都在工厂了，个人以后也不好做了。我今年六十岁了，红木一个人不好做，没有销售渠道，一个人做人家没有来买的，价格也太贵，进少了量太小，进多了本钱太大，风险大。

附录6

石景松先生访谈录

被访者：石景松，1991年生人，从事木工十余年，在河北大城郝庄有自己的木器作坊。本次采访主要了解以石景松为代表的年轻工匠的从业情况。（以下简称石）

采访者：薛坤（以下简称薛）

情况说明：本次采访时间为2017年9月，地点为河北省大城县郝庄。

薛：您是郝庄本村的吗？有没有专门找个师傅？学做这个木工用了多长时间？

石：本村的。从十六岁开始学做的这个，那时初中没毕业，我都是跟着师傅在周边厂里学，师傅也有在附近的。不是只跟一个师傅，有本地的，也有浙江、湖南的师傅。学了三年左右，然后自己开始摸索，边做边学习。现在技术更新太快，就比如这个榫卯，它不是一成不变的，有更好的东西代替它，榫卯展现的形式不一样。原来是手工，现在都是机器开出来，是带有半圆弧的那种。学这个就是学到老做到老，没有说一学会就成为师傅的。

薛：现在大城的榫卯都是这样的吗？

石：现在来说有纯榫卯，也有商业榫卯。传统榫卯是透榫，商业榫卯有的不是，看不到里面是怎样的结构。还有半榫，为了省时间，就是作为商业盈利用的。平常这个榫卯要用两个小时做，商业榫卯用半个小时就可以做完。

薛：您有没有销售的门面啊？

石：那边有供货的店，往外批发。有的厂家自己不做，或者是做不出来。

薛：您现在所在的这个村，有多少户人家？做红木的有多少家啊？从开料到最后都做吗？

石：应该有两千多户吧，做红木的应该有二三十家左右。都属于分包，互相合作，跟福建仙游的模式很像。

薛：为什么你们这能形成这种模式，山东那边形不成这种模式呢？

石：产量少，作坊少。一家全做做不精，又要做木工又要做别的，一个是精力不行，还有就是专业度不够。

薛：山东比你们这边价格怎么样？

石：那边也来拿货，有我们这里的客户，也是说不放心那边的材料，说那边的材质不纯，有辅料，我们在济南也有合作的。

薛：你们现在厂里雇了多少人？您自己做出来的东西，价位怎么样？

石：三四个人。我俩平时主要开料，开料最重要，选料都自己选。我们做的属于中高端，价格绝对不属于市场的那种。普通货就是非洲花梨，现在不做那个，都是缅花，全选料。

薛：大概跟几家合作？没有客户之前，您主要做什么样的款式？

石：这个就没数了，可能做出来一批，有要的也有不要的。有订货的，也有卖现货的。现货在家里卖，他们上门来找。我这里罗汉床卖得比较多，做出来一般都会卖掉。沙发也做，就是做得比较单调，就一两种样子。客厅家具最多，基本全了。

薛：圈椅不做吗？批量做的家具，质量跟您做的家具能配套吗？

石：很少做，圈椅有专门做的，也分三六九等吧。同样是缅花的，有三千元的，有六千元的，有九千元的。九千元的话，肯定无论哪方面要求都比较高，主要是材料有好的有差的，一个厂家不可能有这种全做精品的。

薛：有没有那种全做精品的？怎么能保证产品质量，比如不使用边材或者防止出现掺料的问题？

石：很少吧，因为材料不固定。工艺基本都一样，主要是选料。掺料的话，即使上了油漆，行家也能看出来。不用别人说，他自己就得先承认了，要不在当地还怎么做？

薛：像你们这样的作坊，在大城做中高档产品的多不多？

石：不多，二十多家就我们一家做这样的。我们做的（家具）没有不刮磨的，刮磨这个工艺跟打磨这个工艺价钱差不多。做这个家具吧，从开料开始，每一个步骤都讲究，这价钱差一倍，工艺费差一倍，料好就一万元，料不好就五千元。要是做一两件还行，要是多了，得多花好几十万元。

薛：您现在的工人都是本地的吗？您当时学的时候，师傅是哪个村的？

石：工人本村外村的都有，师傅不太固定，那时候就是一起干活，跟这个学点跟那个学点。原来就是外地木工，从浙江、江苏那边请来木匠，一开始本地的都是收家具的，现在本地的木工都出师了。徒弟一般来说都是本地的，都是不上学的年轻人，亲戚朋友拉来的，现在这个学下来，工资也高啊。

薛：现在学徒一天多少钱啊？你们这木工工作都是固定的吗？

石：几十块钱吧，一年之后也一百多块。木工有的固定，一直做的就三五个，也有的不固定。

薛：现在你们厂从开料到最后能做下来吗？有分工去做的吗？比如说刮磨、打磨、油漆都是放到外边的？分工的话，怎样计算工钱？

石：全部做不下来，也是分工做的，刮磨、打磨、油漆都有做得好的地方，也有三六九等。现在这种模式河北的比较多，都是包件计价。

薛：你们这个村最早做红木家具是在什么时候？有没有打算下一步怎么发展，有没有考虑自己直接销售？

石：做红木家具应该有二十多年了，开始时收家具也有，那时候属于收古董之类的。现在我还是继续做批发，生产的量多一些，工人多招一些。客户这块，要是别的厂拿货就比较固定，直销的话在本地不太合适。

薛：你们这里直接的客户有没有，他怎么找到您的呢？

石：有。之前在淄博文化城开过店，就是客户介绍客户，基本也是拿货。

薛：现在家里人都干这个吗？还种地吗？

石：差不多都做这个。我们家还有二十亩地，种玉米，省事。我们这边地多，要是一家五六口人就十多亩了。

薛：市场对你们的冲击大不大？您觉得市场有什么问题？

石：做假严重。好多东西它虽然便宜，外行人也摸不清楚，但对内行人来说，成品的能看出来。比如现在市场很多缅花都是老挝和柬埔寨的，价格也跟这个不一样，那种料子沉，密度高，但是出材率低。缅花价格高，出材率高。

薛：工艺上有没有为了省工粗制滥造的呢?

石：有的是直接出来了，打磨后就直接做漆，这边的话还是做固化剂，封底。

薛：北京那几个厂家，我们去看，都说是烫蜡的，你们这也有烫蜡的吗?

石：市场上烫蜡的好多也做固化剂。我们这边烫蜡也有，跟客户的要求有关。油漆材料也分好多种，南方都是上漆，擦漆，这边的话也有专门做生漆的。

薛：你们这材料主要从哪进，还是在市场上买啊？为什么不做红酸枝呢?

石：哪都有，比如福建仙游。有直接买的，市场上挑好料也有。红酸枝材料那是属于高端人群了，前几年接触的木头不仅仅是缅花，还有黄花梨、紫檀、大红酸枝等，接触的木材很多，现在紫檀不怎么能见着。像那个大红酸枝，现在材料太贵了，做不了几套家具，我们这小厂没有那能力。

薛：你们这现在的话都是机雕吗?雕刻工有没有?他们水平怎么样啊?是本地人还是外地人啊?

石：都是机雕了，没有专门手工雕了，雕刻完，机雕那个地方他们就给修了。雕刻工水平不高，单干也干不了，这得专业。现在几乎都是手工雕刻师傅出来的，本地人居多，很少有外地来这干的，现在手工活少，都改成机雕了。

薛：有没有考虑自己做，直接面对终端的消费者?

石：这得耗费人力、财力，需要投资。

薛：整个大城从业人员有多少?近两年有没有新人进入这个红木行业?

石：2013年之前各行各业的有钱人在囤积木材。县里有数据，报道的有两万多人。从事这方面的，加上打磨、刮磨、做漆这方面的得有三四万人，还有坐垫什么的，也包括在这一范围内。每个行业都一样，来来回回、进进出出的。现在是往外出的多，进来的少。

薛：坐垫也是从南方进的？这都是自己压起来的？以前在传统家具里面有没有这个垫子？过去也配这种坐垫吗？

石：不都是南方进的，我们也做。这都是进口的，进来就都是压好的，不用自己压，进过来裁缝直接缝起来就行，有专门干这个的。过去也有坐垫，但是可能不是棕的，是棉花絮的。

薛：你们干活就在这个院里吗？你们的作坊是租的吗？多大面积啊？

石：属于宅基地，生产作坊的话几百平方米吧。干活在后面那个院，开料什么的，开个料基本上要一两天。

薛：您这带的学徒是木工师傅教的，对吧？你们就不教吗？你们教的徒弟，有没有自己出去单干的？

石：木工师傅教，我们这边要教就教卖货，很多木工我们这边都不怎么做了，就自己用带锯开料，就是以前老的那种带锯，我们是单独开好的，要几厘米的，开好了，然后我们自己削。徒弟肯定得有啊，机会成熟了，手艺学成了，肯定得出去啊。

薛：你们不买那种圆木？要是不锯开，也看不出来啊？

石：我们基本买那种二标的，能看出来。纹理不一样，树皮也不一样，由于外部的原因，造成了这种自然的产生，外面是S形的，纹理也是S形的，还有那种外面疙瘩越多的树，里面的纹理也会越好。

薛：你们的这个选料，精工细作，就是把东西做好，你们和那种大企业做出来的东西有什么区别呢？

石：这个全靠自己把关，大的也有好的，小的也有好的。看定位怎么样，付出的代价高，对应的卖的价格高，就有可能做好。要是真正做这个生产，性质不一样，但也便宜不了，批量出精品的也有。

薛：我们那有个xx品牌您知道吗？批量出的话，就不能像您那样选料吧？您那样做是不是有些浪费材料？你们这订单有没有做过别的样式？比如说新中式那种的，做的了吗？

石：xx品牌，他那不接定做，都是批量出。外行是看不出来的，但xx要求也确实挺高的。这个全看自己怎么定位，要是觉着不好，就直接走人。想要好，那不得付出点代价嘛。谁都一样，要想把东西做好，都得浪费点材料。我这新中式的很少，一般还是传统的，但是要做也没问题。

薛：您现在对自己的收入还满意吗？跟前几年相比怎么样？家里人以前有做这个的吗？

石：亲戚父辈那边就有做的。我这个跟大厂不一样，小的只要做好了会越做越好，大的还是有萎缩的状况。

薛：你们工厂设备的成本多少？自己有烘干设备吗？

石：成本十万八万元吧。烘干都是找专业加工的，烘干水平可以自己要求。

薛：您现在家具做出来有没有维修的问题啊？如果出现问题是厂家修还是找您？

石：差不了。一般情况商贩不会找我，这是行规。要是毛病大了，肯定得找我啊。小问题，裂一下，胀一下，他们自己会修。

薛：您的客户主要是哪里的？

石：大的一般在一线城市比较多，主要是北方的，像山东、天津、北京。老客户用得好，就给介绍，用得不好就不给介绍了，这个行业圈子还是很重要的。我们这里一般都去济南，山东有文化底蕴，那是大家的必争之地。

薛：大城做非花的多吗，比缅花多吗？非花容易出问题吗？有没有做小叶紫檀的，有没有一年做一两套的小作坊？下脚料怎么处理？

石：太多了，非花便宜，应该比缅花多，因为低端的客户多啊。不过只要工一样，也不会出问题。没有做小叶紫檀的，承受不来，囤不下材料。做大红酸枝的都没有，更别说小叶紫檀的了。材料一般能用的都用了，用不上的就烧火了。下脚料大的有人收，小的没人要。

薛：以前的老木匠用那些废料，自己烤，垒一个火槽，把板子放上烤就行了，不用明火，慢慢烤，你们这以前这样烘干吗？得多长时间啊？

石：有那样弄的，现在有那种烘干设备。其实大型烘干设备挺好的，一百多个房间，我们去就用个一间两间的。烘干的话最少也得十多天，烘干为止，不按天。

附录7

刘东先生访谈录

被访者：刘东，1992年生人，四川南充人，在大城东万灯村开有一家油漆作坊。作为大城红木家具产业链上的一个组成部分，本次采访主要了解了以刘东为代表的油漆作坊的经营模式、手艺传承情况以及生存现状。（以下简称刘）

采访者：薛坤（以下简称薛）

情况说明：本次采访时间为2017年9月，地点为河北省大城县万灯村。

薛：您这个作坊干了几年了？主要就是做加工吗？都是用的什么漆？也要擦吧？

刘：今年是第五年，主要做油漆，我们这边做普通的漆，然后做了固化剂就行。在那边就得上生漆了，一般的没给它上固化剂。后面擦蜡也是液体的，这个调完了就像水一样，往上擦，一般需要擦三四遍的。

薛：这个味不一样，一闻就知道了，真正做生漆这个味不一样，而且有人对这个过敏。这个要擦几遍？是您擦漆吗？别人刮磨好了，送到您这来还打磨吗？

刘：两遍。都是我做，从头做到尾。刮磨完了打磨，我这属于最后一道工序了，我不打磨，他们打磨好我光管上漆。

薛：您是跟谁学的？学了多长时间？

刘：我们那地方没有做家具的，我是在广东跟浙江人学的，去广东的时候还什么都不会。当时我跟朋友出去准备找个厂，然后就在那看到那个门口张贴了招收学徒的字条，就是自己找的。我也是学了一年多，就出来了。别的地方的活，我也不太会。反正只要学了一次，就大概知道怎么弄了，大同小异。

薛：这房子是您租的吗？这几间屋多少钱？你们几个人在这边干呀？

刘：是我租的，就一个小院，一年两千八到三千块钱这样，不贵。我们这儿三个人干。主要就是做这个擦漆，别的我也不会干，学哪样干哪样呗。

薛：您现在有活干吗？接活一般怎么收费定价呢？比如说这套活收多少钱？这种圈椅，做漆一套得干几天啊，怎么收费？

刘：有。收费的话就是看一套货多少钱，都有数，根据干多少时间来定的，反正一个月，三个人，一万块钱左右差不多。这套大概要擦五天左右吧，打三遍，收八百块钱。那个圈椅一套得三天，两百块钱。

薛：您这个业务是怎么来的呢，大厂有找您干的吗？

刘：跟厂里谈好的。这边没什么大厂的，要是再养个油漆不划算。大厂的话是划算的，活多人也多，可以养。

薛：这边专门做木工、雕刻的人多不多啊？都是独立做吗？

刘：多。都是单独加工，最后产品合到一起，每个人做的不一样。

薛：现在干这个的多不多？像您这样专门做油漆的这村上有几家？

刘：干这个的我知道的也就七八家吧，在这村上专门做油漆的，除了我们还有那边一家，我们是一个地方的老乡。我先来的，我一个人，活太多了，干不过来，介绍他来的，他以前在山东淄博那边。

薛：据您了解这个村大概有多少人啊？村里干红木的是本地的多还是外地的多？有多少像您这种从外边过来的？

刘：天天干活，村里人头数不清楚。不过这做红木还是本地的多，这个油漆都是外地的做，本地的做不了，没学过这个。

薛：您现在能看得出这些都是什么木头吗？比如说现在擦的这个是什么材料？做这种红木家具的，附近的哪个村做得多啊？

刘：肯定看得出啊。这个是草花梨，都是附近运过来的木料。附近来说就这个村多，冯庄那边更多，（离这里）好几十里。

薛：您大概带过多少个徒弟？是他们主动找您的，还是您发招聘信息招来的？他们的工资怎么算啊？您现在没带徒弟吗，您教过的那些徒弟现在还有联系吗？

刘：六个。我前年带的学了一年半，去年也带了两个，是我老家的，他们学会了走了。当时我的活太多，然后我找的我哥的同学，算是熟人关系介绍的。我那时候三十块一个月，现在至少两千块。今年没有再招，现在的活，我们一家能干得过来了。徒弟也在大城这边，自己干。学完了，他们在厂里，做点工，一天二百多块钱，木工高点。也有转行的，也有联系。

薛：你们这学徒没学别的，就学这一个擦漆？

刘：对，学这一个就要好几年呢。这个我们学会了，再出去到厂里学点不一样的，干了三四年，才可以自己干。

薛：这是什么？漆在哪买？您这擦漆主要有什么工序吗？

刘：这个是固化剂，是光明的。有卖材料的，就在大城买。工序最主要的就是打磨，擦过了，得把漆磨一遍，然后擦了再磨一遍，反复几遍。

薛：老家那边还有没有地啊？现在家里有没有其他的收入来源，有没有大的开支？

刘：家里有地，但没种了，没有别的收入了，就做这个，我妈妈、老婆有时候也帮忙，家里也没有大的开支。

薛：现在生意怎么样啊，好干吗？

刘：前几年好干些，这几年不行了。跟我一起做的，现在好多都走了，不愿意做了，主要是挣不到钱，对身体还有害。以前在这边的人就多了，都是好几百人，我认识的老乡就有好几十个，都是从别的地方过来做漆。他们以前在别的地方做，然后都过来了。前几年好的时候能挣十多万元吧，现在好几个人才挣十多万元。我们家就我和我爸做这个，都做这个不行。我们家是不着急花钱，然后就没走，着急花钱的话，肯定也走，在这等着没用，赚不了钱，还不如回家干别的。

薛：有没有附近的作坊能一套全干下来的？一般情况下，您这一天做多长时间啊？

刘：没有，一个人干不了全部，随便一件活就得干好几个月。我这也得看活，活多，可能做十二个小时；活少，可能就一两个小时。

后　记

传统家具伴随着中国人的生活方式，在生产与使用的过程中涉及社会、经济、政治和信仰仪式等诸多领域，是超越了家庭使用物品的重要社会产品，成为中国传统生活与文明的物质表征。经过改革开放后四十年的快速增长，中国传统家具行业得到迅速发展，规模扩大到数千亿人民币，具有了高度的流通性、市场化等属性。

但是，这种工业化、规模化的发展方式是否适合传统家具行业？从材料方面来说，木材资源是传统家具行业发展的基础，随着红木资源消耗的日益增多，中国成为红木资源的最大消耗国，行业发展受制于材料的问题越来越突出。技艺方面，传统家具制作技艺代表了木作技艺发生和发展的典型特征，所包含的意义远远超过将原材料转化为具有功能价值的商品的“技术”或“艺术”行为。在行业转型的过程中，传统技艺如何继承，如何活化历经数千年变化所累积的生活与器用的文化资产等一系列问题值得深入探讨。在这个历史节点，本书从历史源流、风格形式、工艺技术、产业发展、工匠转型的角度，融入田野调研、匠师访谈等内容，展现传统家具行业近现代以来随社会变迁的整体图景，并试图通过对工匠经营面临的生存现实及其生活现状的描述，讨论工匠在发展的过程中所面临的问题及在内在与外部现实的影响中如何延续技艺，重点探讨中国传统家具的行业和工匠转型问题。

特别感谢导师潘鲁生教授、许柏鸣教授在选题、调研与写作过程中给予的指导与帮助，感谢董占军教授、王任副馆长为本书的出版提供条件，感谢五邑大学高婷老师承担广作家具部分的调研工作，感谢山东教育出版社董晗和韦素丽两位编辑专业的工作。

“手艺是个饭食本”，过去学习手艺首先是为了生存。传统木工属于技术工种，需要经过大量的实践方能熟练操作。我们在欣赏和使用经典的传统家具的同时，更应体会传统工匠们的匠心。谨以本书向所有受访者，以及千百年来辛勤制作家具的工匠们致敬！

薛　坤

2021年5月